DESIGNERS
TALK
ABOUT SOFT
DECORATION

设计师
谈
软装搭配

李 浪 编著

中国电力出版社
CHINA ELECTRIC POWER PRESS

内 容 提 要

　　本书是一本软装设计师的原创书，从多个角度出发，没有过多枯燥的设计理论，从软装基础知识和软装步骤拆解，结合大量案例分析教大家如何快速地进入有效的软装设计状态。同时也准备了诸如"旧家具管理""精装房软装改造"等十分实际但又相当引人关注的话题。本书作者从全方位分享了如何由表及里做软装，适用于各大高校学生、初中级软装设计师、室内设计领域跨行做软装的设计师来自学，同时也适用于各大设计培训机构作为重要培训参考用书。

图书在版编目（CIP）数据

设计师谈软装搭配 / 李浪编著 . —北京：中国电力出版社，2017.7
ISBN 978-7-5198-0686-6

Ⅰ．①设… Ⅱ．①李… Ⅲ．①住宅－室内装饰设计　Ⅳ．① TU241

中国版本图书馆 CIP 数据核字 (2017) 第 083674 号

出版发行：中国电力出版社
地　　址：北京市东城区北京站西街 19 号（邮政编码 100005）
网　　址：http://www.cepp.sgcc.com.cn
责任编辑：曹　巍　010-63412609
责任校对：常燕昆
装帧设计：北京锋尚制版有限公司
责任印制：单　玲

印　刷：北京盛通印刷股份有限公司
版　次：2017 年 7 月第一版
印　次：2017 年 7 月北京第一次印刷
开　本：710 毫米 ×980 毫米　16 开本
印　张：14 印张
字　数：340 千字
定　价：98.00 元

目录 CONTENTS

为什么要写这本书？

常常与不同类型的业主打交道，也与很多媒体的朋友共同探讨室内设计中的各种问题。他们当中很多看过较多书籍的朋友们，在操作实际房间的时候还是会遇到这样或那样的疑问。其中，大的空间规划问题肯定是有的，但更多的莫过于细枝末节方面的，永远都有探讨余地的软装问题。如果我有机会做一个提问信箱或者留言板块，相信一定有各种软装类的提问。虽在杂志和部分书籍上有过只言片语的交流，但我一直等待有一个机会能够把自己对软装方面的经验较为系统地跟大家介绍。

软装类的问题虽然琐碎，但它也是能立竿见影让大家看到效果的部分。有时候甚至不需要大动干戈，只需要换一换照片墙的排列方式，你就会有不一样的感觉。但实际上，软装在设计中是一个需要理性和感情结合的工作，既需要用感情充分地了解人们对美的需求，理解他们真实的情感；也需要在硬装和空间的基础上实地去分析他们的优劣势，加上预算等客观因素，理性地做出最佳判断。我们所看到的部分只是这个结果，但其过程往往并不是真的一下子就能做出的决定，而是需要一些更加实在的考虑。

毫不夸张地说，软装是大家能够看到的一个空间中最突出、最出效果的部分，同时也是最吸引大家设计的部分。为什么近两年我们会开始强调软装的概念，就是因为它入门快，操作性也强，同时又能够带给空间意想不到的美。不过正是其外表具有迷惑性，大部分的朋友都把软装想得特别简单，以至于在采购的时候极少思考甚至是零思考（碰上卖场打折可能会完全失控）。在各种报刊或者媒体上看到的只言片语的知识介绍可能对大家有一些概念上的帮助，但具体到实施，还是涉及不少细节问题。当本书编辑问到我的第一本个人著作倾向的内容时，我几乎是不假思索地想到了软装。原因其一是因为它浅显有趣，小孩儿可以做，老人也能做。其二也是更关键的，它虽然有趣，入门很容易，但很容易出错。就像很多人认为只要会说话，人人都能唱歌，但真正的歌者能有几个呢？当时我想到了这么久以来碰到的各种杂七杂八的"软装事件"，关于软装这个问题的注意事项犹如山泉涌在我的脑海里。我迫不及待地为大家打开一扇好用又好玩的家居设计大门。

不管怎么样，所有的设计都是以客户的体验为终结。看上去美是基本且首要的，但随着人们观念的增强，除了美以外的第二步，也就是体验变得特别的重要。而客户的反馈才是对设计最真实的评价。很

多设计（不仅仅是室内设计）给人一种高贵华丽的感觉，颇有一些只可远观的味道。这倒不是重点，重点在于我们真的开始使用它以后发现诸多不便和心理层面上的不舒服（这点与设计心理学有关）。那么从这一方面说来这套设计也称不上在我心中是真正经过精心设计的空间。软装可以让大家体会到的是，很多空间远不止能够做到"看起来美"。在这样一个对于交互相当有要求的时代，绝非只是停留在表面就可以了。能够做到作品与人真正的对话，才是对客户和设计者最大的尊重，我想这也是作为设计者的一个自我要求。

　　同时，我也看到过太多失败的软装例子，它们花费不低，但没有使空间变得更美。根本原因就在于大家没看清楚花费与效果之间的关系。并不是花费越多效果就越好，但也不能够因此而完全不去花费。最好的办法是学着怎么把钱用到合适的点上。只看物品的标价来买东西是偷懒的做法。不过我们很多时候当然不会狠心地丢掉它们，由心理安慰变成习惯性顺眼，不了了之以后，它变成了一个尴尬的存在。它们可以变得更好吗？答案是一定的。所以不要为了软装而去软装，这件小事如果做到完美，真的可以最大程度地改变人们对一个空间的感受。

谁需要读这本书？

毫无偏见地说，你真的需要读一读这本书。以前总是理想地认为，每个人都会花精力和时间，当然还有请专业的设计师来打造他们梦想中的家，从空间布局到后期软装，小到餐桌上的一个勺，他们只需要跷着二郎腿坐在休闲椅上，喝上一杯茶，等着想法一点点的实现。所谓拎包入住，就是一切都由我们来搞定。不过事实却是很残酷的，当年的我太过于天真了！

对于设计师来说，碰到一位欣赏并且支持自己的客户非常难。但与此同时，一个对自己的空间有愿景的客户碰到一位理解他（她）并且负责任的设计师又何尝不是一样的难呢？这得需要你花时间与很多设计师深度地沟通，还不一定会有好的结果。好的客户，好的设计师，这样的需求是普遍存在的，但是是否能在短时期内对上号就很难说了。大部分人都太忙，精力有限，或者匆忙请到了一位并不给力的设计师，又或者沟通不良导致落实不到位诸如此类的状况。然而普遍的状况不止如此，很多前期硬装设计做完以后设计师并没有考虑和重视后期软装。

现在，对于软装的概念我们已经在慢慢地形成，但操作起来有一部分的朋友还处在聊胜于无的状态中。精装商品房也不一定会细致到软装部分，人们大多忙碌了几个月以后面对的是一间空空荡荡，有点冰冷，"不知道哪里不对劲"的房子。还有一种情况是前期缺乏软装上的考虑，风风火火地开工以后，导致了后期的软装即便是想去做好，也无从下手。在这里我想提到的一个理念是：一个好的软装方案无疑是能给空间加分的，但一个差的软装

方案同时也能给空间减分。并非大家所想的，只要做了就会比没做好一点。

最后的一种情况是，我们仅仅需要改造，用不着请设计师。也许你需要改造你们家装修了多年的老房子，也许你看腻了它一成不变的风格又不想大动干戈，也许你只是想布置一间婴儿房或一间书房。也许它只是一间出租房，也许它只是你的寝室……Bingo！这样的情况，大家都不可能随身携带一个设计师，多数情况下是要靠自己去思考了。这样看来我想人人都需要读一读这本书，关键时刻它能帮到你不少。你们真的需要自己动手好好打理一下自己的房子，让它"活"起来！

我明白，也许你认为找到一张觉得很棒的照片就照着做好了，不用这么麻烦。但大量的案例证明，不结合实际的设计是很难成功的。曾经有一个设计师同行为一个别墅客户的客房选择了一款当时最热销的深紫色，印有黑色纹样的欧式壁纸。但这间房是给家中老人居住的，墙纸一贴才发觉整体感觉让老人压抑，头晕眼花，更别说安静的休息，只好从头再来。每间房的空间格局、光线条件都不同，一套一模一样的家具摆进来会产生无数小问题使你怀疑你当初的选择。即便是同一户型，由于每个家庭居住的成员不同，成员各自的生活习惯和需求又不同，在落实的时候必须得到良好的调整。

知道怎样选择风格和颜色吗？怎样完整丰富整个空间，而不是让它更加奇怪吗？怎样让本来没有什么风格的硬装变得有格调一些？怎样弥补硬装造成的不可更改的小错误？旧家具该丢还是该留？旅游纪念品该丢还是留？该怎么买？

我想初级设计师或者任何一个对软装有兴趣的人都应该会喜爱和需要这样一本书。其实只需要一些理性的分析和思考，加上最基本的知识，软装将变得简单而又有趣，毕竟这是仅属于我们自己的世界，好好的打造，并且好好地对待吧！

第一章
认识软装

如果你是一个认为"whatever只要我喜欢就可以"的读者，当然，我自己也为这一类朋友定义了一种设计风格叫做："开心就好风格"。如果坚持做自己是没错的，那么这一章你完全可以跳过了。不过，我并不鼓励和提倡这样的做法。

设计是主观的，主观到没有对错和是非。每个人都有自己的主张，有特别偏爱或者特别讨厌的元素，有时甚至自己都不能解释是因为什么。不过从个人文化底蕴、生活环境和阅历出发，多多少少能够分析得到某个人大致的审美情趣。事实上，主观的审美我们不能说它是错的，但也并不意味着它就是对的。如果设计完全只有主观意识的话，我相信设计上就不存在设计师这个职业了，我也不会这样在书里与你侃侃而谈了。抽象画无具体的美或丑，但需要扎实的基本功；现代舞很多人不理解也看不懂，但也需要多年的基本练习。美或丑来自人内心的感受，只要和你产生了共鸣，它就可能是一个好的作品。我在这里谈的基础知识，无关主观审美和对错，只是在我们充分发挥自己的创造力之前，练好那些基本功。所以，你不能用混搭二字来解释所有混在一起的莫名其妙的搭配。

你可能担心过多的规则会使创造能力和创新能力减弱甚至消失。我觉得大可不必这样去想，这本书并不是在教大家只能这样做或者那样做，只能用这个颜色或者那个颜色，或者只能做这样的风格和那样的风格。基础知识并不会让我们变成一个毫无个性的、拘谨的软装设计者，不会限制我们创意方面的思考，反而是让我们在纠结和复杂中理出头绪。它们能避免耗费大量精力之后却不是自己想要的效果，在自由发挥的同时也考虑别人对我们精心设计的空间的感受。所谓最终的效果，是分自我感受和他人感受的。

我相信我们一开始肯定是追求自己的最完美，想着如何去任性一把。但最终想必大家也会期望自己用心设计的房间有让来宾舒适、欣赏甚至赞叹的感觉，而不是第一眼给别人怪异或者难以理解。毕竟，完全忽略他人感受而存在的空间并不受欢迎。大师们不管是看似多么随意的设计必然有经过反复推敲和思考的细节，看似杂乱无章但必然有迹可循，并非真的跟着感觉走。下笔看似随意潦草，实际上已经胸有成竹。何况你可能只是一位软装小白，更加需要理论基础的支撑。我要讲的是一些科学的判断准则和理论，有的时候我们不能完全依靠自我感觉。

所以从现在开始，不要再抗拒教科式的内容了，这些基本法则紧急关头可是能够帮助到你的。不过值得庆幸的是，它们都很简单易懂。

软装是什么

软装是关于整体环境、空间美学、陈设艺术、生活功能、材质风格、意境体验、个性偏好，甚至风水文化等多种复杂元素的创造性融合。在商业空间环境与居住空间环境中所有可移动的元素统称软装，也可称为软装修、软装饰。软装的元素包括家具、装饰画、陶瓷、花艺绿植、布艺、灯饰、装饰摆件等；软装中每一个区域、每一种产品都是整体环境的有机组成部分，只要有人类活动的室内空间都需要软装陈设。

软装饰起源于 20 世纪 20 年代的欧洲，20 世纪 60 年代后期被人们重新认识并且提起，在中国更是近十年才被人们所慢慢熟悉的概念。在发达的欧美国家，室内设计（ Interior Design ）和软装饰（ Decoration ）是两个完全不同的概念，室内设计是指空间的划分利用和建筑结构的分析理解，用理性的建筑语言来表达美，理论上与装饰性的美感没有任何关系；软装饰则是偏重感性地对空间的美化和改造。然而由于室内空间和软装实在是关联太密切，大多数情况下室内设计也还是包含了软装方面的设计，只是两个概念的侧重点是不同的。软装饰也被分为了家居装饰、商业空间装饰、节庆装饰、橱窗装饰等不同特点的装饰分类。

大多数对软装的定义是空间中可以移动的物体，但在我的理解中，软装并不是特指的某一类的物品，事实上，任何在空间中的物品的表面

都可以纳入软装考虑的范畴，只要是有关视觉的，影响最终效果的，无论最终是不是由我们自己动手来操作，都有可能需要软装方面的考虑。

一个成熟的空间内并没有什么项目可以称之为"哦，这不属于软装，这

跟软装毫无关系"。是否需要介入软装的思维完全是可以由设计者来决定的。所以，我建议软装意识进入整个施工过程越早越好，在装修前，可以大致划分一下哪一块以软装为主，哪一块以硬装造型为主。要想做好一个软装，它和硬装是永远无法完全分开进行的两个部分，也没法去定义哪一部分更加重要，因为它们是相辅相成的。很多人习惯将软装与硬装分离进行，各自做各自的，结果可想而知。大家都无法在空间中毫无保留地表达自己想表达的东西，加上业主肯定也有自己的意识，这样一个系统下来，很难避免会混乱。

前期甩手让硬装设计师或者业主自行行动，表面上非常专业和轻松。到了后期，我们会将大量的时间花费在弥补和改造上，而不是创造空间氛围上。事实是，无所谓谁是主导，哪部分应该更加重要，我们都是为了一个共同的目标而努力，只有配合才是正确的方式。所以，抛弃那种孰轻孰重或者谁应该听谁的观念吧！你需要一些稳重平衡的思考。如果硬装部分和软装部分是由不同的人来完成，最好的方式是从一开始就互相理解和沟通彼此的想法。

以下是我们可以用来与前期人员交流的一些基本问题，但其实大家可以根据实际情况总结更多的问题：

1. 客户对风格初期的定义是什么？
2. 客户有无具体的风格喜好？
3. 前期硬装中有哪些地方是准备重点设计的，会使用什么材料以及材料的颜色？
4. 前期硬装中大面积的瓷砖、地板、墙面的颜色和质感是怎样的？有没有墙纸的设计？
5. 前期硬装中哪些地方是没有着重设计的？
6. 前期硬装中有哪些问题会需要后期软装的深化？
7. 希望后期的软装设计是按照前期硬装的结果来深化，还是在此基础上有新的诠释？
8. 能不能够接受风格混搭？
9. 有没有什么质感和颜色是前期没能够做出来的？
10. 有没有什么区域是没有达到预想完美效果的，甚至是做得不理想的？

软装的作用

"轻装修，重装饰"是定义软装的启蒙名句。大意就是把硬装作为辅助工程，只进行少量的必要的硬装，重点在于后期的软装饰。不过我并不能完全赞同这句话。原因是这虽是一个很好的观念，但这句话有点以偏概全。以前人们比较在乎前期硬装是否华丽、复杂，可能会采用多级多层吊顶、多层灯光，很多材质拼接的天花或者是电视墙和沙发背景墙。这样不可移动的硬装其实会对后期装饰造成一定的困扰。因为流行元素一直在变，好的室内空间风格也是层出不穷，太多前期的投入会限制空间变化的可能性。相反来说，如果我们设计的重点是前期家具的投入，那么后期想去变换就是很容易的。同时，当我们省略部分基础硬装造型的时候，搭配合理的软装方案，整体效果并不会打折扣。当然，这样的趋势也与现在大众审美的变化有关。人们已经对那些特别生硬的架构没了兴趣，更加注重空间的感受和氛围。这个时候提出"轻装修，重装饰"的概念就很恰当了。但具体到底是重装修还是重装饰，不能完全取决于这个概念，更不能完全取决于人的主观意识，而是取决于房子的状况和确定的风格。

有一些风格确实不需要对原结构进行大的改造，可能留下原始的感觉反而更有利于软装的设计；一旦你选择的是与原始条件不相符合的风格，就必须利用硬装处理好很多细节和基层问题。另外还有一些华丽的或异域风情的风格，必须要通过前期的硬装来修饰和造型，才能与后期软装元素更好地结合！我想强调的是，有一部分风格是这个概念无法支撑的。它有自己必须表达的元素与文化背景带来的厚重感，不是摆上一套家具就能完成的。因此，不要让这个观念影响我们本应该做的那些事情，它并不是一个能够一蹴而就的办法。我提过一个概念——前面提到了，硬装和软装是相辅相成的，无法界定哪一项更加重要或者哪一项可以直接忽略。硬装好比是一首曲子，而软装就是它的词。

▲ 现代时髦版本的维多利亚风格的设计，不仅需要经
典款的家具，也需要前期墙面和地面精致瓷砖的配合
统一，做成黑白撞色的效果。

▲ 具有异域风情的设计风格，不仅需要天然粗织面料的抱枕和软垫，也需要立面做出自然形态的设计，或者与原始粗犷的木桩顶做搭配。

一次完成度和深入度很高的软装方案应体现以下 4 个特点：

丰富风格或者直接定义风格

　　硬装框架好比是一首歌曲的主旋律，你会看到它的空间划分，墙面、天花的造型，了解大致的风格走向。但软装却是曲子中诗一般的歌词，能表达硬装所不能及，也就是能够把设计师的意图诠释到位。其实这一点非常重要，因为现在大家越来越倾向于个性化、定制化的设计方案。同样是欧式或中式，前期架构可能区别不是很大，但在后期加入了哪些元素会直接影响空间带给人们的最终感受。比如说，同样一个中式风格的硬装基础，通过不同材质和元素的软装，可以做出偏日系禅意的中式，还可以做出偏奢华宫廷的中式，还可以做成现代感十足的中式。再强烈的情感也需要言语来表达，因此学会这样的方法会让风格更加丰富多彩！

　　很多杂志每年都会做一些有意思的选题，例如同样的一个空间，给出同样一个主题，例如"秋天""海滩"等，由不同的设计师根据自己的理解来做一套软装方案。这个时候我们可以很直观地体会到软装对一个空间的影响。有着设计师互不干扰的天马行空的想象，他们使用的元素、色彩搭配、材质、图案都完全不同，你可以体会到不同的情感。我想这个试验足以表达软装对空间的影响。从中我们可以看到有的房间硬装框架几乎没有任何风格走向，由于预算有限等原因，或者也很有可能前期根本不知道要怎么定义风格时，你可能会有一套完全白色的房子，甚至该做的硬装也没有做好。那么后期软装的完成可以直接定义它的风格，就算基础不够扎实，我们还是可以通过有深度和细腻程度的软装来尽情表达我们的意愿。

◄ 同样是红砖元素搭配了浅色木地板，红白撞色
的主家具搭配波普风格的装饰画，整个色系跳脱
且充满艺术氛围。

▲ 红砖搭配实例：红砖的运用是非常灵活的，可以使用在某个局部点缀，也可以大面积的使用。大多数本身墙体自带的红砖，其出现的方式也是很随意的。上图一个是出现在靠窗户的一单面墙，一个是出现在沙发背景墙。搭配水泥地面，搭配简洁线条的原木家具，有偏硬朗的感觉。搭配木地板和毛绒配饰，明显感觉柔和和明媚。

▲ 红砖元素搭配极浅颜色的木地板，加入北欧极简线条的家具，因为有了明亮的色系，整个空间呈现出活泼的现代风格。

一定程度上节省装修成本

就整体完成度来说，如果把大部分预算用于软装部分，在一定程度上既可以完成整个工程，又节省时间和开支。软装可以从零基础开始，但硬装可是扎扎实实的需要一个整体流程做下来，后期的软装也要跟得上才行。又好比你已经有一个十分精致的硬装工程，那么肯定不会选择在软装上草草了事，这就意味着可能会需要投入相匹配的软装预算来完成整个案例。不过把大部分的预算都用于软装也不完全正确。有的风格必须要硬装前期的配合才能够达到最佳效果，这些风格对顶面、墙面、地面都有细节上的要求，不是摆几件家具就可以达到理想的空间感。也有些风格对前期的硬装要求不是很高，但对家具饰品的质感要求要很到位，这样我们就不能仅仅是停留在模仿的阶段，而是要选择更多独特精致的家具来搭配。

要知道，家具饰品的价格波动很大，当选择一种很考究的风格时，即便把重点放到软装上，你也不会轻松多少。但有的风格偏简约，前期做得太过复杂，成本高不说，看上去累赘，不伦不类，不如直接省略。这样的情况其实常常发生，最主要的原因就是没有想好到底要做什么风格，总想着做了硬装再说，这样后期就很容易脱节。

总体来说，如果预算有限，把设计重点放在软装部分确实是个聪明的选择，只是别忘了要挑选适合的风格，不要选择必须需要硬装配合的那些风格。越简单越实在，也会非常经久耐看。

◀ 经典白墙与原色水泥复古地面的框架，重点放在后期软装上。复古做旧的玄关台搭配各种质感的陈列物件，打造出一处具有浓郁美式风情的景致。

▲ 纯白墙和浅胡桃色的地板搭配，硬装只有简单的石膏线，后期的家具也以棕色＋白色为主，通过材质上的变化来丰富整套家具搭配的层次感，虽硬装不复杂，但空间仍然不会感觉过于随意单调而是自然的优雅。

▲ 纯白墙和浅色地面的设计节省了前期成本，大面积重复的装饰画增添了餐厅的典雅气质。极简风格的餐桌椅搭配皮草的垫子，使得冷酷的现代风中加入了一点柔美的气息。

◀ 纯白墙和浅色硬木地板搭配，墙面没有任何多余的纹理和质感，完全靠后期的软装来定义了空间的风格。绒布、皮毛、木质、棉麻等多重材质冲突而不冲撞，颜色丰富但饱和度相当，最重要的是它们在外部形态上都是极简线条为主，使得一个几乎没有硬装的空间颇有看点。

对原有的空间和硬装部分进行查漏补缺

不是所有的户型和硬装都是完美的。在前期工程中，我们总会遇到一些问题。"我的层高太矮了""木地板颜色太难看""墙纸贴出来的效果跟我想的不一样""二楼光线不好""走廊和餐厅多出一块不知道怎么用""餐厅太细长了""家里没有客房"……想吐槽的地方实在太多。这是个庞大而又巨细无遗的工程，我们实在很难保证从头到尾没有失手。同时，有时候进度比较赶。在设计还没有完全到位的时候，我们便仓促地开始了硬装施工，在一时拿不定主意的情况下，最常做的决定就是：先空着。就这样积累着空了很多地方，到了做软装的时刻，如果你对这个空间还有要求的话，我们是必须面对这些遗留问题的。所以，如果觉得软装只有装饰的作用那么就大错特错了！我可以肯定一个完美的软装方案肯定不仅仅包含了装饰效果，而且悄无声息地掩盖了这之前的诸多遗留问题，让人看上去好像"本来就是这样"。

绝大多数的房子都存在这样或那样的问题，可能是前期没有做好，也可能是精装商品房既定的配套设计无法改变，还可能是我们自己一时眼花挑错了某件很重要的东西（而且还不能退货）。所以为什么我要强调软装设计要在最开始施工初期就介入（是介入，而不一定是实施），就是最大程度地避免前期没做好的情况。不过，如果真的到了无法改变的地步（很多时候大伙儿也懒得太过折腾），可以通过对空间装饰部分颜色、比例、图案、材质的搭配和调整，往往能从视觉上给人惊喜。不说能够完全弥补这些缺憾，但这却是你唯一能做的、最实用的法宝。

◄ 此案的天花部分属于典型的硬装与软装相结合的范例。由于空间布局十分紧凑，功能也很多，天花的高度也比较矮，使得后期软装搭配在灯具上有一些困难，带状内嵌的灯带很好地解决了这一问题，也强化了空间中低调时尚的感觉。

▼ 此案原始走廊尽头常年没有光线，两边的房门都起不到采光作用，背面为卫生间，无法再进行前期硬装改造。整个走廊尽头部分的厚度为 5cm 左右。在没有采光的情况下，由于场地限制无法设置大型家具，走廊必须要做一些景致和亮点才能达到效果。首先，在前期我们要求硬装部分采用白色抛光砖打底。软装部分定制竹子木屏风，采用亮面朱红油漆，最大限度地提亮空间，又区别于传统挂画。

▲ 此案原始结构有所限制，是一间异形阁楼，因为常住人口数量多，所以后期在家具部分采用定制设计，完全按照阁楼的结构设计出了一个儿童床，并且还具有很强大的储物功能，实用与美观为一体。

◄ 此案前期硬装只做了一个极其简约的壁炉。后期纯粹靠软装的搭配，走明亮黄色＋棕色的渐变色系，整体风格活泼有趣，配画也是不拘一格。这里我们可以想象一下，因为壁炉的元素在很多风格里面都有涉及，三五年后如果需要换风格，只需要重新粉刷或者装饰壁炉，更换部分家具就可以实现风格的转换。

喜新厌旧一派的福音

对某种风格钟爱的业主很多，但有些业主爱好广泛，乐于尝试各种不同的风格。何况在这个流行元素不断变化的时代，谁知道家具、饰品设计师又会鼓捣出一些什么让人喜欢的东西呢？我们的要求仅仅是不厌烦吗？我不能保证这一点。很多人住久了一间房，哪怕不重新做设计，也喜欢把床的位置改改，把桌子的位置调调，可见大家还是乐于改善空间的。只要选择环保无毒的产品，大可以全家一起来做这件事。以前我们在施工初期需要郑重再郑重的确定房间的风格（也许你要拉上全家大小做出这个艰难的决定），其原因就是考虑到十年、二十年以后的家是否仍然历久弥新。不过要说明的是，即便你已经拉上了全家老小来做这样的决定，也有可能在未来的某一天后悔，更不能保证孩子长到青少年时期会不会极度厌烦。如此看来，这真的是特别有难度的决定。

不过一开始我们决定空间以软装饰为主的话，这部分就能轻松很多。更好的一点是，我们可以尝试一些不那么耐看的风格，这里面的可行性会提高很多。我们再也不用担心它会不会过时，再也不用担心十年以后它是不是依旧像现在这样好看。大胆地去选择你喜欢的颜色和独具特色的风格吧！有一天你实在看腻了，只需要花上几个下午悠哉悠哉地去市场采购，换上几幅装饰画，或者干脆在家点点鼠标，就能把墙纸、窗帘、织物换个遍。需要提醒的是，请选择较为轻松简洁的风格。传统经典的风格不适合只以软装为主。

◀ 此案的硬装部分以木地板、白色门窗为主，墙面刷灰绿色墙漆。目前搭配是以简欧风格为主，带一些对比度强烈的图案，有一些华丽的感觉。后期如果需要调整风格，可以直接加入绿色系和蓝色系的家具作为儿童房，也可以加入纯白原木色系的家具使之成为北欧风格的空间。

▲ 此案前期硬装的顶部和墙面都相当简单，只有一面白色砖墙，后期搭配简约风格的，自然色系的家具，能够很好地跟木地板和砖墙结合。需要转变风格的时候，只需要拆除墙面的白色隔板，更换部分家具和顶灯以及窗帘，就可以转变为现代欧式风格或者艺术混搭风格等。

第二章
当下流行的软装风格

历史背景

发展趋势

特色元素

适用规则

严格来说，室内设计的任何一种风格必须是有其历史、人文背景、文化底蕴的，它们往往带有自成一体的审美特点和喜好，会使用类似的元素来表达。相比之下，很多概念模糊的设计者在设计初期对空间风格的定位不足，到了后期容易"跑偏"。很容易会加入一些当时最受欢迎的设计元素，但是有可能它们不是一个体系的，最后软装风格与硬装搭配不协调，只好自己随便命名成"韩式地中海风格""西班牙美式"等牵强的名称。

我认为一个作品的名称和作品的关联应该是最直接和强烈的。到了现在，通过地域来划分风格也不甚严谨，大多数时候我们喜欢的某个局部只能算得上是空间内的装饰元素罢了。其实，怎么起名没有作品本身的风格定位重要。不断提醒自己的风格定位，在整个软装设计中有着决定性的作用，甚至要比色彩系统更重要。这不是一个空泛的概念，不是取一个好听的名字，想着好看就行，想着大不了就做混搭。风格这个东西，与空间内的物品有着直接联系，也是设计者在最初的构想中需要落实的一个部分。不妨在确定好了大类以后，问一问自己，如果要做欧式，是什么样的欧式？如果是做中式，是什么样的中式？初步构想是否具有设计师和业主本身的个性？这样可以避免过度堆积元素。要在进行设计之前搜集大量的资料，结合空间可塑性，操作现实程度和客户需求，进行笃定的思考。

为了方便大家的理解，我把现有的装饰风格归为以下几类：

传统风格大多数带有文化氛围，以古典主义为主，经常体现历史上文艺繁盛时期的建筑装饰特点，如巴洛克风格、洛可可风格，表达着华丽、厚重、尊贵的思想。这样的风格线条复杂，造型精致，有的节点装饰还带有宗教色彩，使用材料也以传统的木质和石材为主。

通常我们所说的欧式、美式、法式也是在大的传统风格下由地域产生的分类。传统风格中的欧式偏金碧辉煌，有大面积的立体雕花，表面也比较亮泽。美式偏质朴深沉，同样是线条层次丰富的情况下，雕花元素相对小且少，表面呈半亮光或哑光状态。这符合美国文化中更加开放洒脱的思想。

法式风格其实也是欧式风格中的分支，颜色通常较浅，以白色、米色、浅黄色为常见色彩，细节轻快灵秀，最为接近洛可可时期的文化特色。

中式风格的设计大多数以我国的历史建筑文化中可以窥见的元素和造型为灵感，体现一种深层的文人雅士的文化底蕴，又或者是体验一种皇家的风范。我认为中式元素是最有文化底蕴的元素，泱泱大国上下五千年，累积了无数可供人欣赏的文化瑰宝。说到中国传统建筑的风格，除少数民族地区外，无疑分为南北两派。南方以苏州园林式的小桥流水一类为主，体现淡雅、幽静的朴素之风，大多数中式风格的室内设计也是以它为蓝本，走典雅之风。但长江的另一头，也就是北方帝王之都却完全不同，游走颐和园或故宫或其他皇宫别院，你会发现建筑色彩是如此绚丽，古代的器匠们一点也不吝啬在任何一个地

传统风格在当下并不会过时，因为它们有着最坚实的底蕴和可挖掘性，其根基远远比那些一下子流行起来又一下子被淘汰的风格要稳得多。

方描绘出别致的图案，纵然年代已久远，还是能够隐隐约约感受出政权的霸气和庄严。这一类风格线条造型也较为复杂精致，极有古韵，同时也离不开植物的衬托。可见，在中式风格这样的大门类下，也有一些区别。大多数年纪稍长的业主比较偏爱中式类的风格。

　　传统风格在当下并不会过时，因为它们有着最坚实的底蕴和可挖掘性，其根基远远比那些一下子流行起来又一下子被淘汰的风格要稳得多。可能你会感到意外，为什么作为一名年轻的设计师一样的非常喜爱传统类风格。那是因为它是经典中的经典，不会随着时间的推移而被淘汰。我想做的是在这样浑厚的基础上，用我们年轻化的，活泼的方式来传达经典。我们对文化的理解会更独特，我们对颜色的运用会更大胆，我们设计的角度也会从单纯的模仿转化为具有自己烙印的作品。我们也许会简化一些线条，再放大、夸张一些特别的元素，或者是把颜色进行新的处理，把图案进行新的排列。当人们再次提起传统式风格时，我们不仅不需要排斥，而更应该怀着敬畏的心来欣赏，继而传承这一份厚重。

◄▲ 大多数的中式风格，无非是以江南苏州园林为基调，营造古人偏爱的淡雅古典之感。这也是刚开始与业主沟通时候他的基本方向，但不久后考虑到这是一大家子要住的房子，苏州园林式的素雅也许老人很爱，可年轻人怎么从这个房子找到情感寄托呢？所以，一套活泼的混搭中国风，以皇家古典色彩元素为主的中式风 MIX 诞生了。我希望给予他们沉稳厚重，也希望给予他们生机勃勃的生活氛围。愿岁月静好，古韵犹存。

▲ 经典的传统欧式风格层次丰富，颜色偏深，家具造型线条较为复杂，同时图案也偏具象。这个案子在硬装的部分做出了一些典型的传统欧式风格建筑的元素。后期的软装部分以偏深的木质、线条多变的灯具和华丽感觉的地毯为主要元素，与吊顶和前期硬装相呼应。

▶ 经典拼花实木地板，风化的质感显示出它的年代。门窗线条形式感十足，透露出一份古典的优雅和精致。墙面被漆成灰绿色，颇有复古风味，搭配传统经典风格的家具和巴洛克风格十足的金属雕花相框，整个空间没有传统风格的厚重，却有传统风格的细腻典雅。

▼ 这个案例是很典型的传统风格，但巧妙之处是并没有在硬装和家具款式上体现，而是通过传统花纹图案和材质来体现。绒面、棉麻面料和刺绣织物结合简约风格的家具让人忘记传统风格的繁杂，清新中却能找到一份庄重典雅。

透过字面意思我们都不难理解，现代类是与传统类相对的风格，在本书中介绍的现代风格的定义基本上属于极简主义风格，不管是硬装造型还是后期的家具，都是以极简线条和造型为主，在保证使用功能的前提下，基本不会有任何多余的设计，模仿当代建筑的特点，给人潇洒利落的印象。

值得一提的是，大多数极简风格会选择高度统一的大块颜色作为基础色系，这种一定程度的单调和抽离反而体现出了极简的内涵。有很大一部分业主对这类风格并不感冒，感觉没有亮点，或者是没有惊艳之感。在这里我想说的是，并不是只有刺激强烈的设计风格才是好的风格。现代风格是最为接近现代人价值观的风格，不管从造型、实用性上，还是往深远的方向考虑，都是最与人们契合的风格。它虽然简单，但每一件家具都会有自己的细节，这种简单中透露出的低调能够让人在快节奏的生活中找到一丝宁静。高级酒店公寓喜好采用极简设计风格，材质以现代感强烈的钢铁、玻璃、人造石为主。

日系室内设计与北欧室内设计，都属于现代风格的范畴，因为它们的外形十分简洁流畅，只是由于不同国家，地域的自然人文环境不同，它们使用的材料以木质和其他温和型的材料为主，最后呈现的风格也偏温柔人性化。这一类很容易被大家理解为没有风格的风格，但事实上，现代风格远不是大家所赋予的寡淡印象。好比经

现代风格是最为接近现代人价值观的风格，不管从造型、实用性上，还是往深远的方向考虑，都是最与人们契合的风格。它虽然简单，但每一件家具都会有自己的细节，这种简单中透露出的低调能够让人在快节奏的生活中找到一丝宁静。

▲ 经典地板与墙面天花统一色调，做成现代风格中的经典白色。餐厅和客厅没有任何隔断，两个区域的储物空间全部规整到一面墙，只有少量的木质家具作为点缀，添加更加生活化的氛围。

典的德系设计的例子。德国的设计不管是从室内设计还是产品设计上，都堪称是现代风范的代表。但从没有人质疑过它们的独特性，相反，德国的设计以精确、人性化到极致而著称。很多精细和人性化的工业设计的形态都是简单得不能再简单，但并未减少产品的魅力。现代风格的设计从未忽视过对人本身的关怀，只是把所有的感情都投注在了内在精神上。相比于复杂浮夸的外表，在现代风格的软装中，产品的品质和细节设计更加容易显现出来，因此设计要求其实是更加高的。现代风格所展现的是现代人的智慧和观念，也更符合现代的生活习惯。

<STAY PURE > xLiving room

▲ 以灰白为主的色调，强调不同材质的变化。家具搭配的部分外观上简洁明朗，通过颜色上的不同来拉近与人的距离。

▲ 现代风格实例。此案例质感较为统一和整体，家具也以
规整的几何形态为主，多用于表达主人沉稳内敛的一面。

　　这一类可以换一个大家比较熟悉的说法，也就是混搭风格。这样的风格同样以最后给人的直观印象效果作为主要目标，前期并没有一个特定的文化底蕴和内涵作为参照，总的来说模仿的痕迹会小一点，自由程度更大，是设计师和设计爱好者十分常用的风格。

　　在历史的长河中，并不是每一个时期的风格都会同时流行，随着人们审美情趣的变化，这一类个性风格受追捧的点都不同，而在我的理解中，这一类风格里面活跃着的五花八门的元素又是最容易和其他几大类风格结合的分子。像最近风靡的 LOFT 风格，兴于现代老旧工厂和阁楼，它并不是一个完整独立的风格。人们无意中把废旧的老厂房用钢结构分割改造，错落有致的阁楼成后来艺术家们把这个元素与欧式、美式结合，形成了不同感觉的 LOFT 空间。以此可以用来理解复古风、做旧风、田园风等。

　　其实，风格之间还是有区别的。我并不认为它们单独属于一种大类风格，它们这样的个性元素需要跟其他主体风格结合才能产生千变万化的可能。我认为这些元素并没有特定的厚重的历史文化背景，而

与其说 LOFT 风格里面有什么，必须要有什么，不能有什么，还不如说这是带着一种对历史的怀念和尊重来做的风格。

"个性混搭"与"出自主观的喜欢"的区别在于，在个性混搭的过程中，说白了我们追求的就是那一份充满心机的随意感，而不是真正的随便。

是在近代慢慢衍生出的各种风潮，或者更加确切地来说是一种精神和态度。它们比起一些传统的风格来说可以运用得更加灵活。再有就是现在很多设计也乐于保留和暴露原建筑中的结构，梁或者钢筋等，可能最终的设计风格并不一定非常的工业化，但这样的思路与LOFT风格是不谋而合的。所以说，与其说LOFT风格里面有什么，必须要有什么，不能有什么，还不如说这是带着一种对历史的怀念和尊重来做的风格。正是有着这样的与众不同的闪光点，它才慢慢地从设计圈内形成一股风潮。

　　"个性混搭"与"出自主观的喜欢"的区别在于，在个性混搭的过程中，说白了我们追求的就是那一份充满心机的随意感，而不是真正的随便。每一件进入到空间的内容都应该在内在上和整体的表达上有它们共同的精神。

材质、风格的选择和最终形态的决定都是混搭风关键的内容。要判断一个混搭作品是否花了心思，就看它给人的感觉是准确地表达了设计者的态度，还是只让大家看到了一个琳琅满目的陈列馆。很多时候我们会犯一个错误，就是急于在一个空间中表达一种"我们这里有这样的元素也有那样的元素"，虽然大多数流行元素可能一次性地出现在任意空间里，但我们执着于它的广度，而忽略了混搭风格的深度。

　　在看完本书后面的内容后，希望大家对混搭风格会有更加深刻的理解。我个人认为混搭风格是最容易出问题的，花钱是其次，还需要多花时间和心思。但这也是最有趣最值得挑战的风格。我想说，这一类风格最重要的就是灵魂。因为随着审美潮流的进步，家具饰品的外形已经不再相同了，只有追求内在的统一，才是混搭风所能表达的实质。最后想说：我爱混搭风！

很多时候我们会犯一个错误，就是急于在一个空间中表达一种"我们这里有这样的元素也有那样的元素"，虽然大多数流行元素可能一次性地出现在任意空间里，但我们执着于它的广度，而忽略了混搭风格的深度。

▲ 说起 LOFT 元素很多人会想到硬朗的感觉，颜色整体也会比较暗。在这个案例中，LOFT 的元素很好地与曲线还有欧式元素结合到一起，通过古朴的感觉使他们融合。

储物柜
实木

床头灯
不锈钢，实木

床头柜
实木

书房书桌
实木，FANCY 同款，现场上色

床头吊灯
实木，铁艺

双人床
实木，1.8m

梳妆台
实木，椅子可做无靠背款和原版两种，与书房替换用

049

异域风情类

这一类并不独立于传统类和现代类，不管它们的形态如何，总可以在历史发展中找到它们的时间定位，但侧重点不同的是，往往这一类风格的民族文化特色会比较明显。不过近几年来很多小众风格受到大家的欢迎，所以我把它重点提出。

首先我得表达的是，我酷爱这样的小众风。倒不是因为它们多么小众，而是因为在科技发达的今天，人们对质感、色彩、手作物品的创造力都远不如以前。在这个世界还没有这么发达的时候，大伙儿更愿意的是围在一起设计花边、图案，手工制作各种有趣的物品。现在大家分工更加明确了，只有时尚业的专业人士，才能长期对这样的事物保持热情和关注。可有句话说得好，高手在民间。从前，可能欧洲小镇路边一个老奶奶都是刺绣和织手工粗布的绝顶高手，设计的图案也不输任何大牌，设计在某个历史时期应该属于全民参与，任何一个人都对时尚潮流有自己的独到见解。十分感激很多传统的工艺现在还有人在热爱和发扬。

事实上，从古埃及开始，人们对纹样和图案的设计水准就已经到了相当高的境界。有什么理由不去发现已经美了几百年几千年的这些个性元素呢？地中海风格、东南亚风格、摩洛哥风格、印度风格都是较为典型的异域风情类装饰风格。这一类的设计要求复杂而且模仿性较强，往往渗透到该风格文化的各种细节，大到硬装布局，小到一个抱枕的刺绣花边。能够原汁原味地还原这一类风格的设计并非易事，有时候我们也会只把它当作一个装饰性的元素加入到个性混搭的作品里面。还是那句话，不管你想把怎样的元素融入到作品中，请注意它们内在的共通性，到底想表达怎样的思想内涵。

TIPS:

不过大多数家居设计中不会把异域风情类风格作为首要考虑的风格，出于耐看程度，易清洁程度，实用程度的考虑（特别是小户型的客户我不会建议他们做此类风格，因为需要用来做特色造型占用的空间较多），一般还是具有氛围的商业设计中使用较多。

地中海风格、东南亚风格、摩洛哥风格、印度风格都是较为典型的异域风情类装饰风格。

　　这一类的风格往往要比其他的风格更需要多做功课。不同的文化在历史的长河中总是不断演变的，我们在历代文物中可以看到这一点。我们既然选择了风情类的装饰风格，那么首先应该去了解对应的时期有怎样的建筑风貌、文化表达方式以及人民的生活习惯等。通常我会比较着重于研究当时是怎样的环境造成了那样的表现形式。这样做的原因并不是说要完全仿照当时的一切（当然也不太现实）。我也不太推崇刻意去还原或者模仿某个个体，而是找到共同的精神实质，站在一个现代人的出发点上，用我们自己的空间语言来表达。对于一些比较有个性的业主，我也十分推荐你们走这些与众不同的路线！

　　在对风格的划分理解上，我的划分不是唯一的形式。其实人人都可以有自己的一套理念，无论出发点是什么，把握住本质是尤其重要的，这样可以帮助我们在设计的时候和修正设计的时候，更理性地有的放矢。这不是要求我们可以背出个一二三四五，又或者是非要马上定出一个名称出来。更重要地是对于风格的分辨意识可以让大家打造出更好的空间。有时候稍微调整调整，可以变换出另外一种风格。

▲ 一说到地中海，很多人脑海中浮现的画面都是蓝白色调，干净而又清爽，希腊的风光是各种蓝色拼凑而成的，自然蓝白色调也成为了室内装修的首选。一方面，地中海有的不仅仅是蓝色，研究过当地的建筑装饰风格可以发现，他们更多的不是表达白和蓝两种颜色的概念，颜色并不是最重要的，而更多的是展现古朴原始的风貌。植物围绕，肌理粗犷，线条夸张，也是从侧面反映了当地人民淳朴安逸的生活状态。所以这次的设计我选择用暖色调红褐色系来表现地中海，而不是从简单的色块入手，集合各种地中海元素，重点在于体现地中海生活的一种心态。另一方面，棕色的木制品永远比白色的木制品来的更加沉稳低调，也是家居设计领域中永不过时的小黑裙。

　　我一直有一个观念，就是风格与风格之间并不是相互独立的存在。因为它们可能成组成组地来自同样的文化底蕴背景。没有一个空间是不需要风格的。只是由于出发点和思考点的不同，导致他们因为不同的侧重点而呈现出了不同的样子，但风格这一块，不管在什么时候，都不应该缺乏思考。所以如果遇上你感兴趣但并不熟悉的风格，应该大胆地去尝试，多读一读有关此类风格文化的书籍，看看是不是跟我们平常想的不一样，或者有更多有趣的元素。它很可能只是某个大类下的细化风格，找到它的"部队"，你也会发现马上能掌握它的特点！音乐是无国界的，美术是无国界的，风格的表达更是无国界的！

第三章

软装色彩搭配的秘密

色彩与线条的秘密

色彩的基础知识

　　如果说空间的划分决定了功能、采光、布局等，那么颜色就是决定人们感受的最主要原因。舒适感、质感、细节感都是其次，但色彩确实能够给人最直观的第一印象。以前我们在色彩方面有点过于保守，转来转去就那几种保险的颜色搭配。近年来，随着普遍对颜色的认知度和掌握程度的提高，我们对色彩搭配有了更高的要求。

　　色彩其实是一种很神奇很有创意的语言。如果你不去深入地了解它，可能有相当一部分的朋友会认为色彩就是简单的红橙黄绿青蓝紫。如果你有一点美术的基础，就能体会到颜色的千变万化。可以说，一个对颜色有规划的作品才是有可能成功的。因为它不仅能帮助设计者来表达，更可以帮助受众去理解设计者的意图和感情。我们所要做的不仅仅是大胆的去使用任何颜色，而是熟练地掌握各种颜色。兜兜转转，还是不得不提起一些有关色彩的基础知识和技巧。设计并非是做数学题，能套用公式得出结果，但了解一部分科学理论确实可以帮助我们对自己和他人的作品做出判断，或许能在你纠结万分的时候给你指出一条明路。

　　色相、明度、饱和度是色彩的三要素。色相指的是颜色的名字，改变色相就等于改变颜色的本身。红、黄、蓝，这都属于不同的色相。明度指的是颜色的明亮程度，一个颜色明度调到最低会成为黑色，调到最高会成为白色。而饱和度也叫彩度，代表的是颜色的鲜艳程度，例如同样是蓝色，有电光蓝，宝蓝，或者湛蓝。

　　色彩的三原色是红、黄、蓝。所有的颜色都是由这三个颜色混合产生，由两个颜色组成的是第二次色。右图是由三原色所延伸产生的色环，我们可以很明显地看到颜色的过渡。

　　我们通常所说的渐变色调是以某一个颜色为基础的通过明度或者饱和度的变化而产生的同一

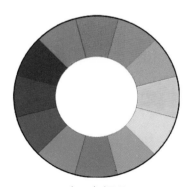

十二色相环

对比色搭配时一般考虑选择某一个作为大面积，某一个作为小面积来搭配，不需要每个颜色刻意均分的出现在空间内。

色相的不同结果。渐变色调也是大家比较常用的，安全系数比较高的色调。

互补色是在色环内呈 180° 方向分布的两个颜色，而色环内呈 120° ~ 180° 的两个颜色可以作为对比色。有时候也会用到色环中从 60° 方向分布的三种颜色作为颜色丰富的色调设计。对比色系的使用需要小心谨慎，在色环中我们能找到无数组对比色，使用不当可能会造成空间杂乱幼稚的感觉（儿童房和幼儿园倒是值得一试）。

如果你想营造和谐过渡的感觉，请在色环上选择相邻的颜色搭配，或者是同一色相的渐变色系。但如果想造成冲突的感觉，不要随意拿两个不同的颜色来搭配，而是应该选择同样饱和度或者明度的对比色。所以在这个部分我们可以了解到的是，并非两个看起来不一样的颜色就能称之为一组对比色。色相上的不同与对比色是两回事情。这一点也恰恰可以解释，为什么我们想要做对比色搭配的时候，两个颜色放在一起并不和谐美观。很有可能是因为在色环内它们没有很多联系，更有可能是它们处于既不是近似色也不是对比色的尴尬位置上。因为对比色有一个特点就是它们能够互相使得对方更加显眼。红配绿为什么如此刺眼就是这个原因。红配蓝或者黄都不会有这样强烈的效果。

如果你想营造和谐过渡的感觉，请在色环上选择相邻的颜色搭配，或者是同一色相的渐变色系。但如果想造成冲突的感觉，不要随意拿两个不同的颜色来搭配，而是应该选择同样饱和度或者明度的对比色。

还有一点也是经常用到的，就是颜色给人带来的感受。首先是重量上的感受，深色往往会比浅色显得更加重，但会显得比浅色体积小。反之，浅色会显得比深色轻巧，但在视觉上会有一些膨胀感。低明度的颜色给人的感觉离得更近，会使房间变得压抑狭小。高明度的颜色感觉离得更远，能够使房间显得空旷。你可以想象一个全黑的房间和一个全白的房间，同样的面积下，几乎人都会觉得白色那一间更加宽敞。原理其实也很简单，大家都明白一个常识是深色吸收光线，而浅色却是反射光线的。有时候我们在某个地方看到一套漂亮的家具，搬回家以后却发现并不那么吸引人，原因就在此。当你考虑想用大面积深色墙面或者家具饰品时，要记得考虑房间内的采光条件，或者是在灯光系统方面多加小心，注意灯光的层次。

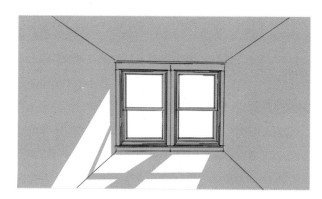

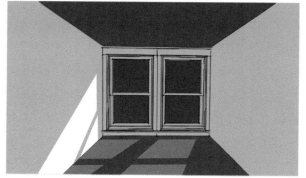

另外，不同色相的颜色在心理上也会给人不同的心理暗示。我发觉人们有时候会把注意力集中在这个房间我要什么颜色，那个房间我要什么颜色，而忽略来自设计心理学上的要点。我想说，这方面的问题其实是不可忽视的。小面积的饰品可能并不明显，但大面积的墙面或者墙纸的颜色选择应该与其功能相匹配。

▲ 近似色实例

▶ 渐变色实例

▼ 对比色实例

红色、黄色一类的暖色调给人感觉急躁、热情、有活力，有增强食欲的效果，适合用在餐厅、娱乐区域，或者玄关区域。而蓝色、棕色、绿色一类的冷色调或者其他中性色系，适合用于卧室、书房、客厅等需要长时间停留或者工作思考的地方，不容易让人产生心烦意乱的感觉。大家可以想象一下反过来用会有怎样的效果。你能在一间大面积亮黄色墙面的房间内安心入睡吗？你能在一间紫色的餐厅大快朵颐吗？你能在一间红色的房间内跟人心平气和地谈判吗？恐怕只会让人血脉贲张吧！镜面或者反光较多的元素也不适宜用在需要安静思考休息的区域。

我曾经有一个很有趣的客户一开始执意在自己出租的极小户型内设计成玫红色和墨绿色撞色的配色方案，因为她个人觉得这样的搭配很有个性，但被我苦口婆心地断然拒绝了（我常干这种事儿）。这样的搭配无疑是有个性的，很有创意，但我们并非画家或者纯粹的艺术家，并非做一个展览。特别是在这个案例中，第一它是一件极小户型，颜色的搭配会充斥整个房间，没有多余的空间划分，无论什么样的颜色搭配都会被房客不间断地关注；其次这是一间需要长期生活的房间，我们需要尽可能的在工作之余给人以安稳放松的环境。因此，我选择了"米黄＋灰＋绿"的搭配。只要有设计者的主导思想在，我们永远是要考虑长期心理感受的，有所考虑的规划才是"设计"二字的本意，学习色彩与心理方面的知识，是对受众的尊重，也是对设计者自我的尊重。

TIPS:
颜色对人们心理作用往往不是一两分钟可以体会得到的，而是年常日久潜移默化的感受。

红色、黄色一类的暖色调给人感觉急躁、热情、有活力，有增强食欲的效果，适合用在餐厅、娱乐或者玄关区域。而蓝色、棕色、绿色等冷色调或者其他中性色系，适合用于卧室、书房、客厅等需要长时间停留或者工作思考的地方。

颜色对人们心理作用往往不是一两分钟可以体会得到的，而是年常日久潜移默化的感受。所以在做整体颜色搭配的时候，不应一味寻求第一感觉的刺激和惊喜，而是应该结合该区域长久的功能来做出决定，尽量给人们积极的心理感受和暗示。如果一个空间让人反感，这就是不好的反馈，抛开它的设计主体到底花了多少心思来搭配，这样的空间无疑是不会让人满意的。当然，我所说的只是大面积的色调选择，局部可以做出个性的选择和调整。

条纹一类的几何形状对人的视觉有一定影响，特别是在大面积区域使用的时候。每当房间不够方正，太长或者太宽时，可以考虑使用条纹型的墙面来做一个视觉上的延伸。如图，条纹墙面可以使较矮的层高看起来高一点，也可以使窄的空间变得宽一点。这样的做法对房间本身也是很好的修正。举一个反面例子，如果一个窗户本来就比例不协调非常细长，再选择一个条纹型的窗帘，这块区域会更加糟糕。或者本来就是一个层高较为低矮的空间，再贴上满墙的横条纹墙纸，也会令人相当沮丧。同样的理论也可以延伸到地面布局。如果一个走廊狭长无亮点，我们就应该想办法让它看起来更短一点，在地面铺装上就不应该选择纵向木地板的铺设方式，让它看起来宽一些的同时，它也就没有那么长了。

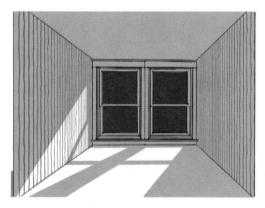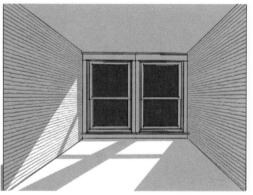

形状对空间的影响是可以无穷大的，就像街头涂鸦爱好者常常画的三维画，逼真到每一个东西都会马上冲出地面，逼真到好像进入了另外一个空间。往往在没有对比的情况下，你会觉得它的影响力并不明显，其实人的眼睛辨识度是有限的，平面的东西有时候真的可以骗住我们哦！

此外，黑白灰三个颜色不属于任何颜色，黑色是所有颜色的集合，白色是所有颜色的空白，而灰色是白色和黑色混合而成，它们能够与任何色调搭配。

总的来说，颜色搭配在软装设计中是关键的关键，判断一个方案是否合适，我认为应该从整体的角度来考虑三个重点：创意感，舒适感和对空间的影响。

在选择每一件软装的颜色时，多考虑一下它能为空间做什么，它与空间内其他物品有什么样的联系，思考一下再下手！

创意感就是给人新鲜个性的感觉，并非需要为了与众不同而去故意选择某个色彩，我们的出发点永远都应该在表达业主的个性上。每个人都有独一无二的个性特点，这需要我们多与客户沟通，多和自己对话。

舒适感指的是视觉上的舒适感，这一点跟色彩心理学有直接联系。在视觉上我们不能够给人以负面的、怪异的、不适合于当下房间功能性的感受，最好是要营造美好的氛围。如果说选择自己所爱的色调是尊重自己，那么这一条就是尊重他人了。

最后一点就是对空间的影响。最好的方式是朝着改变空间问题的方向去寻找适合空间的色调，把那些令人头疼但无法改变的问题通过颜色进行调整。在初期如果你有这样的意识，那么你将感觉到色彩的强大力量；如果做不到也没有关系，至少也不要使得空间的弊端暴露得更加严重（那我们还不如做全白色系的色彩方案）。

说了这么多相对乏味的知识，目的也是想让大家明白色彩内部的基础联系，在做配色方案的时候更好地排列和取舍。在这样一些基本的条条框框的限制一下，我们所要做的首要事情是尊重色彩的基本定律，但我认为在这些定律下更重要的是跳出来去找寻适合自己空间的搭配。因为即便是在这样的定律下，色彩和面料材质的搭配仍然是千变万化的。我所期望的是，在迷茫混乱之时这些知识能让我们头脑做出最科学的判断，而不是完全依个人感觉和爱好，或者仅仅是为了"惊艳"做出有违基本定律的搭配。但另外一方面，我也不希望大家太过保守或者墨守成规，学会一两种符合定律的色彩搭配以后，再也不想去研究和搭配新的色彩搭配。别忘记做软装的初心是为了让空间变得更美，绝不仅仅是不出错而已。学习基本定律还有一个更重要的好处，在设计师们客户纠结和迟疑之时，这是我们沟通的有利的武器。比起完全以个人的执着和个人感受来说服客户，这样的根据是不是使你更加有信心和更加专业呢？

颜色搭配在软装设计中是关键的关键，判断一个方案是否合适，我认为应该从整体的角度来考虑三个重点：创意感，舒适感和对空间的影响。

经典的色彩搭配分享

经典只是对于我个人而言觉得接受范围和包含的风格比较广，用起来会让人觉得比较舒服的搭配。我认为任何在行业里有一些工作经验的设计师，他们总会有一些爱用的压箱底的颜色搭配。我的原则其实很简单，老少皆宜，或者某个年龄群里特别适合，不过分刺眼和夸张，不褪流行，适合长时间待在里面的颜色搭配是我会首先考虑的。不过具体到某一个环境中来说，第一关键要素还是根据功能的需要来决定怎样去做搭配。

棕色系 + 黑色 / 灰白色

首先棕色系是渐变色系中的一种，是偏向大地色系的自然系，比较符合人的基本审美习惯。棕色渐变色系给人温馨亲近的感受，可以庄严典雅，也可以田园清新，可塑性相当强。我们经常看到咖啡厅、茶餐厅会使用此类色系的颜色，这一类的颜色会给人比较舒适休闲的感觉。

棕色系也可以认为是咖色系，给人平易近人不浮夸的感受。最重要的是它的不张扬和略微的岁月感，带给人们一份柔和的感受，让它成为了我最喜欢的色系之一。在这样的前提下，往往可以点缀和搭配黑色或者白色。虽然并无色彩倾向，但黑色的加入能给棕色系的空间加入现代、高级的感觉，黑色单品的出现不仅不让人觉得沉闷，反而在视觉上能够跳脱出来。但在使用时要注意比例和度，不要大面积地加入重复的黑色单品，这样的分量感很容易头重脚轻，抵消掉渐变棕色的柔和之感。

渐变棕色系加入白色，温柔的感觉变得更加温柔，还在其中加入了一些随意。不过我很少用到纯白色 + 棕色系的搭配。大多数时候会选择带一点灰的白色（绝不是灰色），这是为了配合棕色渐变色的年代感，同时也避免了视觉上的不协调和刺激。

▲ 同一个色系，相似颜色的东西可能因为其天然属性的不同会呈现不同的颜色，放在一起也比较和谐。同时，同一类的材质可以与不同的其他颜色的材质相搭配，使之成为不同的单品。图中木头就与铁艺有了不同形态的结合。

▲ 同一色系的搭配，并不是说中间不能够有任何其他的元素，这个搭配范例中，白色的家具除了与原木色进行了结合以外，还在细节处增加了黑色的图案，动物形态的台灯底座、把手等，也能够使得所有同色系的单品具有自己的个性。

▲ 同为黑灰色系的搭配里，通过不同的表面质感和亮度也能够丰富搭配的层次。
图上的单品虽然都是同一色系，但有的是金属，有的是布艺，有的是哑光烤漆，
看上去并不会沉闷。

要知道在自然界中，绝对的黑和白都是不存在的。在我心中他们一直是"化学颜色"。除了灰白以外，米灰、米白其实都是可以的，不存在哪个好哪个坏的说法，只有合不合适的感受。其实说到白色，我想起了在欧美古代建筑史上，也很少出现完全的纯白色，不管是建筑外部还是内部，它们有着千变万化的白，象牙白、石灰白、珍珠白等。美国建筑史上曾经有一段时间已经把白色做到了登峰造极的程度，现在保存完好的建筑中可以略窥一二。只不过由于后来工业的发达和文明，大家渐渐不再把颜色的细微差别看得那么重要。以石材闻名的意大利盛产的大理石纹理中，各种不同感觉的白色也来自大自然的神奇之手。我十分喜欢分析不同感觉的白，不同感觉的黑。因为它们看起来是那么的一样，又是那么的不一样。

米白 + 灰 + 墨绿

这是一组适合于各种场所的色彩搭配，宜动宜静。米色算是色彩里面的百搭色，也可以说是万能色，各种材质选择米色的搭配都能胜任。墨绿是一种较为深沉的颜色，绿色偏蓝，有点类似现在火热的多肉植物的颜色，类似仙人掌的颜色。虽然较为深沉，但好在它朴实和纯粹，也给人亲近自然的感觉。但墨绿又要比纯绿色来得更加有复古的气息和潮流感。如果用墨绿来搭配跳跃一点的橘红、黄色等，又可以做很好的衬托。所以说墨绿色做到了在舒服的同时，又不会给人一种过时的美丽，真是一举两得的好颜色！在这两个颜色中加入过渡的灰色，添加一点时代的感觉，使得整体不会过于太"森系"或者"田园"（所以说想打造森系和田园风的话要注意少用一点灰色），正是因为灰色的加入，使得这样的颜色搭配几乎可以使用在任何空间。家庭、办公室、咖啡厅、SPA馆、休闲花园等。

在生活节奏如此之快的今天，人们时常会感到焦虑，我们或许希望让空间更加放松和舒适。那么，这样的色彩搭配组合完全可以做到。

蓝色＋绿色／紫色

这三个看似并不相关的颜色其实也是近似色的搭配呢。与渐变色系的深浅变化不同，这三个搭配是由三个不同色相的颜色组成，看上去虽不同，用起来却是非常和谐的。这样的颜色搭配适合用于氛围比较活跃的空间。

色相多的配色还要注意的一点就是比例问题。很多人会觉得，我既然选择了这三个近似色系的搭配，那我三个都平均分配在空间里面就好了！那样结果会挺恐怖的。因为这三个颜色都很明显，谈不上谁应该给谁作为背景，在我们处理的时候，就只有靠比例来调节一个空间的视觉舒适度。我有一个一贯坚持的态度就是，都是重点就意味着没有重点。仅仅在色彩方面来说也是如此，特别是三个有点"闹腾"的颜色，更加要注意区分和处理，我们可以通过调整饱和度和明度来使它们区分。通常我会选择一个大面积的颜色作为主色，其他颜色作为小面积的配色。

其实在色彩的范围内，这样的颜色搭配还有很多。例如：蓝色＋橘色＋紫色，红色＋绿色＋黄色，如果能够正确的使用它们，它们真是活跃空间的一把好手，也就像我最开始说的，完全让人忘了硬装上那些瑕疵和不快！

果绿 + 玫红 / 紫色 + 黄色

　　就色彩对视觉的冲击力来说，没有比对比色搭配更加能给人新鲜惊喜的感觉了。对比色是相互补充的颜色，每一组对比色可以把对方衬托得更加显眼。以我们最熟悉的"红 + 绿"来说，为什么其他颜色配上大红色大都不会有这样显眼的感受，就是因为红和绿存在着对比色的关系。一组对比色的力量是相对抗衡的，没有明显的强弱，如红色可以使得绿色更加干净纯粹，反之绿色也是如此。不过由于这样强烈的能量场，大多数时候我们不会选择这样的对比色系搭配，很多人担心会显得幼稚或者浮夸，反而破坏了前期的硬装，其实并不尽然。每一组对比色我们可以赋予他们根据空间风格来选定的各种材质，一旦材质变了，整体感觉也会跟着变化。

　　在为对比色系申辩以后，还是话说回来，如果你想大面积的使用对比色系的话，请注意以下几点：

　　◇空间的功能。

　　是否是人长期需要逗留的空间，空间的功能是休息，还是娱乐，或是安静的聊天。长期在对比色的环境中，人的眼睛容易产生视觉疲劳，而且随着时间的推移，一开始那种惊艳的感觉会逐步减退，最后会让人产生厌烦的感觉，用我们的俗话来说，就是从心理上和生理上，都不"耐看"。

　　◇适当的调整。

　　在做一些需要清新自然的空间中，我们可以提高对比色系的明度，让它们产生浅色系的对比，这样整体感受比较自然也不会过于重口味了。再比如在一些气质比较沉稳的高档酒店，会所等空间使用对比色，需要降低色彩的饱和度以融于它的风格中。我想表达的意思是，对比色系的刻板印象实际是不存在的，我们并不需要避免使用，只需要在使用的时候稍作修改就可以达到预想的效果。

▶ "果绿 + 玫红"这一组能以定义为带着一点田园风格的活泼感觉，有一种清爽的女性柔美的视觉效果。老实说，粉色、紫色是很不错，不过这么多年对于设计师来说真有一点审美疲劳，所以我们往往会在粉紫色系里面加入一些别的有意思的元素。另一方面来说，它的"使用寿命"会更长一点，不会很快就发腻。

◀ "紫色 + 黄色"其实是很尊贵的颜色，在中国古代皇家建筑中，这样的搭配相当常见，与江南一带的青砖素瓦形成鲜明对比的是，京城的皇家园林随处的小景往往都藏着令人啧啧称奇的色彩搭配。古人早已经开始用色彩来表达他们的设计理念，看上去一点也不会突兀和夸张，华丽而不庸俗。那么已经过了好几百年的现在，我们又有什么理由不去使用这些千变万化的对比色呢？

黑 + 白

　　在现代风格的设计中，黑白搭配真是再正常不过了。如此经典的搭配，不仅在时装潮流界中经久不衰，在设计界也是如此。在认可了它是经典中的经典之后，用于室内设计，其实有一些需要注意的地方。黑与白的设计极具现代感，也极具距离感。我们常常会发现，虽然他们是对比色，但同样能产生一种疏离冷漠的感觉。我想这是因为现代风格中需要表达我们成熟冷静的一面。由于这样的特性，我们需要注意的是黑白搭配与材质的关系。在黑白的基础上，如果再使用光面、冷感比较强烈的材质，会显得空间更加的冷清。所以想要做出温和的现代黑白风格，我们应该从材质的改变上下手。

熊孩子的天堂——儿童房的色彩搭配

　　尽管之前已经说过这么多的色彩定律，但是关于儿童房我想说的是：别太限制你自己的大脑！孩子们有五彩缤纷和花里胡哨的权利！除了主体家具我们可能还是统一的按照其他房间来做（只是可能，实际上儿童房的地板也没有绝对标准需要和其他房间统一），其他的软装配饰就请尽情地发挥思维吧！淘来一些异形的抱枕和怪异的小沙发，还有手工的小毯子或者是几根老旧的木头，几个破旧的橡胶轮胎……在这个空间里面的颜色确实可以不必那么严格的照本宣科，我们只需要打造一个美好的氛围即可！

　　相对于遵循基本的色调，我更倾向于在儿童的活动空间或者卧室内打造主题式的空间。这时候色彩并不是最需要控制的，反而我们需要通过各种造型的东西来表达空间的主题。主题的概念有点像命题作文，可以是璀璨星空主题、花园主题、超级巨星主题、恐龙主题、超级英雄主题、海盗船、魔法主题等，这样想来是不是做起来会更加开阔呢？孩子的世界是充满想象力的，富有想象力的空间更加能够走进他的内心。在这样的考虑下，儿童房的色彩搭配由单纯意义上的色彩搭配转变成了颜色为空间主体来服务，很多风马牛不相及的事物碰撞起来会相当有意思。实际上在操作过程中，大多数的人只是在儿童房的墙纸上作出了改变，其实在主体床、衣柜、灯具、饰品上，儿童房都可以花心思做出区别，丝毫不会有不和谐的感觉。

另类色系的应用

　　除了前面提到的我比较常用的色系之外，实际上还有很多另类的颜色可以考虑。另类的颜色并非真的难以使用，主要是考虑他们是以什么样的形式，在什么样的场合下使用。在我所熟悉的范围内，有几个高彩度的颜色属于这一类需要小心翼翼使用的：大红、芭比粉、柠檬黄、纯橘色等。综合各种实际情况的考虑，它们确实不太适合作为大面积的背景墙或者顶面装饰来使用。如果你实在是喜欢，可以采用局部撞色的方式来搭配。红黑、粉黑或者红白、粉白，又或者加入金属色系来使它们不会看上去很低龄儿童化。总的来说，这样抢眼的颜色在整体范围内最好不要超过 20% 的比例，以线条、织物、单品的形式来出现，千万不要只是把一面墙涂成此类颜色。并且其他配色应该选用深沉一点的颜色来作为背景板，这样来使颜色更加突出。

　　说起色彩搭配，真是可以列举出无限种。有意思的地方在于，同一个色彩搭配，因为比例、风格、材质上的调整，有时候会给人一种完全不同的感觉。有时候你甚至不会发现两个完全不同的作品使用的是同一个色彩搭配。对于我们并不感冒的色彩，当然没有必要敬而远之，摒弃主观上对颜色的好恶，才能找到它完美的一面。安全色系是特别重要的一个部分，但在软装这个部分来说，我们更多的是去探寻其他的可能性，才能给人耳目一新的感受。

　　在我们很小的时候，或许会有自己最喜欢或者最讨厌的颜色。但当我成为了设计师的时候我才发现，说到底，并没有什么"完美的颜色搭配"和"丑的颜色搭配"，全关乎设计方面的巧思，每一种颜色都是那么的与众不同。尽管我们可以如此随意的来选择颜色，但它在整个软装过程中一定是占一个主要指导作用的部分，切记不可以先买一个你很喜欢的颜色的单品，再去根据这个单品配其他颜色的东西，然后又觉得跟自己的风格不搭配，最后效果很可能会让你不满意。

第四章
软装操作步骤

在一切的一切之前，我们需要做一件很重要的事情。就是挑一个风和日丽的日子，站在你已经完成硬装的空间中，大致观察一整天光线情况，以及找到空间中最大的几个缺点并记录下来。这些能够帮助你定位风格和色彩。在不考虑实际环境的因素下，其实我们有太多风格和色彩能够选择。但有了硬件条件的限制，你不得不删掉大部分的选择（不过我还是期望你能幸运的有一间全采光的大别墅）。下面是我列出的一些值得考虑的因素：

空间面积小——不适宜做太占空间或者造型太丰富的华丽个性的风格。同时尽量考虑一物多用，即装饰品有实用价值，实用家具有装饰作用。

光线不足——不要使用深色家具和饰品，多采用反光材质或者浅色物品来增加它的反光程度。

前期硬装不够好的点——能遮即遮，不能的话用有强烈反差的别的物品吸引注意力，降低别人对硬装缺点的关注。前期较为寡淡的，考虑跳跃活泼一点的软装风格，前期工程已经足够有层次的，相应的在软装风格上选择中性一点的软装风格融合搭配，增加舒适度。

　　光线太暗的角落或者玄关不适合把最漂亮的家具摆上去（除非你愿意 24 小时给它们一束追光，不过事实却是什么光线都不如变幻莫测的阳光），另外我个人比较喜欢把阳光充沛的地方作为客厅沙发区。我之前有过一位客户把最名贵的古董家具摆在了暗无天日永远没有阳光的走廊尽头，结局就是这一套家具成为了整个房子的盲点，大家都忘了关注它们是多么美！总之，这一步并没有死板的规定，而只是让大家搞清楚状况，根据自己的需要做出决定。我们真是应该做好风格和颜色定位再来开始着手这件事。

如果你还没有想好风格和色彩两门功课，
请不要开始选择具体物品！
请不要决定具体物品！
请不要购买具体物品！

　　我曾经问过一些朋友，对于软装方面有什么特别头疼的事情。他们第一反应就是买回来才发现不搭的家具如何处理。这个问题真是让我百感交集，我们的心态不应该停留于硬装做完了，赶紧买一些家具饰品把家里填满，赶紧买几幅画把墙面填满。急急忙忙开始固然潇洒，到了后期纠结茫然，最后决定跟着感觉走，买回来又不对，淘了一堆后悔的东西在家里全都是因为前期考虑不足所造成的。前期的思考看上去多此一举，实际上能帮助我们理清头绪，实行起来的时候省时省力！

家装主材的选择与软装搭配案例分析

通常我会建议从空间的大面积区域开始着手软装设计。

这一点在这之前也有过很多次的强调。但在实际的操作中，因为一套家具来定地板、瓷砖颜色的案例比比皆是。地板或者瓷砖在一个空间中是使用最频繁，面积最大，存在感最强，用于支撑和衬托所有设计的部分，选择它们的时候所要考虑的远远不只是否好看，或者是否和你的某个床搭配。有时候并非我们选择的地板或者瓷砖颜色或者质量不好，只把它单独的跟某件东西搭配，却忽略了一个整体。

在我设计的过程中，首先我会考虑的是这个空间的功能。也就是要考虑是用来做什么，哪些人在使用，这些人对地板材料有无特别要求，使用的频率是多少，人与地板的接触面积是不是大，同时，需要清洁的可能性有多大。在这个话题上，其实并没有大家一直所纠结的地板好还是瓷砖好，通过整理自己的需求，很快能够从地面材质中找到适合自己的。

如果有条件的话，永远都不要让整体来迁就局部，不论你认为这个局部暂时看起来是多么完美。

▲ 极浅的颜色干净整洁，几乎看不到木纹和结巴，表面光滑细腻，易清洁，十分适用于现代风格的厨房。但归根结底这是一块木地板，柔和的颜色和条状的质感打破了现代风格中的冰冷，为空间添加了许多随性和生活化。

► 这是一个非常经典复古的空间。所有的家具细致华丽，但不浮夸，颇有皇室风范。墙面的护墙板造型和颜色并不跳脱，有的只是严谨的走线和形式感，为空间增添了一份庄重。留意地面木地板拼贴的方式，这样规矩且别致的拼花所表达的情绪完全与家具灯具一致，真正的贵族气息扑面而来。

▼ 在这个标准的北欧空间中，同样一款餐椅，灯具和餐桌的选择更加内敛，造型更加简单。地面和立面的材质选择了极浅颜色的木板，稍保留不均匀的颜色和少量结巴。这个空间的风格现代气息更加少，有的只是褪去浮华后对生活深刻的喜爱。在低调之中我们可以通过地面铺装和立面装饰注意到空间主人内心对质朴生活的向往，木地板拼贴方式表达了主人童真细腻的一面。

▲ 还是同样的一款餐椅，搭配简洁的餐桌，却由于地面和立面的不同而使人产生完全不同的感觉。旧木梁和石头壁炉的设计让人回归原始，地面交错拼接的仿古瓷砖给人一种亲近大自然的露天之感。这个空间不再给人现代休闲或者清新北欧之感，而多了一份远离城市喧嚣的庄园般的宁静。

▶ 即便不是在大空间，软装与墙面地面铺装的关系也是非常紧密的。油画质感的地面砖与马赛克结合，深蓝绿色系与墙面蜜黄色相结合，釉面洗手盆和金属手工镜子是点睛之笔，在复古的氛围下装点出一丝不做作的华丽气息。

第五章
家具的选择与软装搭配
设计案例解析

挑选属于你的家具

我们都容易被特别的款式和颜色吸引。但打住，我必须严肃的告诉你，任何一件家具，如果不想让它被贴上中看不中用的标签，最后被移入杂物间，请首先考虑它的功能！功能！功能！其实就是它的重点是实用还是美。别误会我说这话的意思，并非实用的家具必须平庸丑陋，好看的家具就一定华而不实。根据我的经验，你会为了一件家具太美而毫不犹豫地买下，但会因为一件家具的好用而慢慢地爱上它！每一件家具功能的定位都是不同的，在挑选之前，一定要想清楚它的侧重点。这样我们不会因为挑选不到"最好看又最实用"这种几乎不存在的家具而崩溃。带着这样的想法，我们不会再为了没有买下所有最喜欢的家具而伤感了，平衡取舍的我们为的是整体的美！

全素色家具搭配而一点都不平庸的案例比比皆是，就像季节有春夏秋冬的变换，有亮点比全是亮点重要一百倍！主体家具经典实用，你可以在小家具上选择特色款。主体家具偏个性，那么你必须选择几样功能强大的柜体、书桌或者床，包括之前的硬装也应该多考虑功能问题。如果这套房间只是一个小户型的话，以满足各种功能为第一目标吧，在有限的空间内做出出乎意料的功能会让小户型特别有趣，只需要在灯具和墙面装饰上做特色。

翻看各大专业杂志，只有广告页才会出现整套家具，选择它们的好处只有省事，它们已经过时，这样的搭配在软装设计中没有温度。就像一个穿着整套西装的人，你感觉他特别正式，特别商务，可你不会想要挽着这样一个人去逛街喝咖啡。可以选择局部套装，切记最好不要在同一区域使用一整套（拆分一整套在房间的各个角落是个偷懒的好做法）。我们需要在变化中找到颜色，风格上统一，而不是真正地使它们相同。别让家具套装抹杀了我们发挥的空间！有时候我也很理解为什么大家说软装很简单，因为觉得直接买一套家具丢进来就行！不过随着审美的提升和时间推移，家具饰品设计师们现在也乐于把看上去不是一套的家具设计成一套家具，只在内部元素上有一些联系。这样的家具是可以选择的，因为它们跟上了整个软装的潮流，而不再是把同一款家具放大缩小变成一整组。

我认为真正能成为一套的家具必定是包含各个细节的，不只是有一个框架，很多设计意图也只有丰富的细节才能够表达出来。在一套软装设计方案中，并不是主体家具才需要花时间，实际上整个流程下来，你会发现，小件家具和搭配的饰品所要花的精力跟主体家具不相上下！很可惜的是，市面上大部分的主流家居现在还停留在同一色系、统一材质的陈列上，所以我不赞同拿卖场的套装家具直接搬回家。如果你实在想省事又喜欢套装，我建议可以选择宜家家居或者 ZARAHOME 这一类比较注重整体搭配的品牌。

TIPS:

如果你想着每一件家具都十分特别，你一定不会得到一间很美的房子！有平凡的单品 ≠ 整体平凡。

一分钱一分货在此应该理解为一分空间一分货。软装是看整体的，它贵在花心思而不是贵在价格，请牢记！

若非时间仓促，我不建议摆放整套家具。

所谓的一分钱一分货在此不适用。

有一个客户前期的硬装偏田园和欧式的感觉，但抵挡不住大商场打折的诱惑，把一组体形巨大，款式完全落后，但确实是全真皮的大品牌沙发搬回了家。因为他总想着一分钱一分货，这样名贵的沙发一定会为空间增光添彩。结果是可想而知的，又大又笨重的沙发放在清新风格的家中，垫上厂家赠送的沙发垫，整体感觉已经与初期的设计差得太远。

为什么我想说，一分钱一分货在此不大适用的原因是：一件商品售价贵的原因和是否能在空间中找到适当的位置，是两回事情。一件昂贵的商品，可能是源自于材料，可能是源自于手工，也可能是源自于进口的关税，可能的原因是很多的。但这跟效果没有直接联系。好比一个生病的人，它需要对症下药，如果连病因都没有找好的话，使用再贵的药物和器材也是没有意义的。当我们对前期硬装很不满意时，又或者前期硬装相当寡淡时，大家喜欢在后期的家具上选择那些看上去非常高档（实际上也的确价钱不菲）的家具，在此我的意思并非排斥高档家具，而是有时我们注重家具是否高档华贵多于它放在空间中是否合适，老想着硬摆一件质量好的，昂贵的家具来拯救全场。一分钱一分货在此应该理解为一分空间一分货。软装是看整体的，它贵在花心思而不是贵在价格，请牢记！

在做软装设计的时候，切记从某一个小物件开始做设计。我相信大家都有过从局部开始画一幅画的惨痛经历，到最后不是太小就是太大，节奏完全失控。即便很多绘画大师可以从任何一个地方开始作画，但我相信有着扎实的基础和丰富的想象力做支撑，在下笔之前他们已经考虑好大局。

所以我的建议是从每个空间的主体家具——次要小家具——装饰品这样的步骤来进行设计。

软装设计步骤：主体家具——次要小家具——装饰品

沙发 /SOFA

作为最重要的家具，不仅是指的在功能上，而是它在外形上对整个空间风格都有至关重要的影响。一款恰到好处沙发绝对能让人忽略其他细节上的小瑕疵。以下是我列举出的经典又时髦的款式，以便于你搭配在大多数风格的空间内。

关于转角沙发：

一般情况下，我个人不会选择搭配转角沙发。沙发区域我们时常需要有坐和躺的功能，我建议选择三人位或以上常规沙发＋两个单人位或者休闲躺椅配套脚踏。转角沙发本质上也是一个套装的思想，对于空间的美感，搭配并无多大优势。我觉得它们更加适合运用在影音厅，休闲区域，或者是空间相当开阔，可以不用靠墙放置的现代极简风格豪宅中。现在有一种可灵活运用的转角沙发，整体被切成可以互相替换的块状，打破了转角沙发给人的笨重印象，非常有趣。

TIPS:

如果选择是布艺沙发，建议尽量选择可拆卸布套的沙发，这样容易清洗，更重要的是可以随时更换自己喜欢的颜色。

　　正方形的房间不太适合放置长条形的餐桌，长方形的房间不适宜放圆形餐桌。如果房子活动范围够大的话，还可以用一个大的实木桌同时代替餐桌和工作桌。桌子大多数的装饰点在桌脚，在选择的时候，注意观察桌脚是否与整个环境其他的家具的脚相融。现在有很多可拆分或者可伸缩的多功能桌子，能够根据使用人数来变换。

　　如果你有仔细看我前面的文字，你会理解我现在又再强调的一件事。请最好不要选择同款餐桌（如果实在是喜欢同款一套的款式，至少也可以在颜色上做出变化）。我知道现在要大家马上接受也许不是那么容易，但现在我们的确早已不把形似作为标准，而是追求神似。当然，也没必要把风马牛完全不及的餐桌和餐椅硬凑在一起，他们应该还是在同一风格体系以内的款式，或者都使用了某种特别的材质。

餐桌靠墙方案：在空间不大或者风格较为随意的设计中，餐桌椅可以以各种形式靠墙设计。这样的处理是节约空间的妙计，同时也让用餐多了一份随意，少了一份刻意严肃。当然，具体的款式和是否选择靠墙方案，还要根据实际使用者的情况来定。

床 /BED

　　卧室是比较私人的领域，因此床的选择可以更加自我一些，可以根据整个空间的风格来，也可以具体到跟着卧室内的床头墙面走。现在还有一种更加有趣简单的做法是在硬装部分在墙面做好床头板，你只需要去买一个质量上好的床架就可以。

　　现在流行的设计中，床不仅仅是卧室内单独的一件主体家具，而是有可能和周边的硬装随时结合起来成为一个"床区域"。这样的做法我认为特别有意思，因为人躺下的面积不可能无止境地扩大，但不过在休息区，卧床休息的区域内我们可以考虑更多细分的功能，同时也可以考虑更多的追求一点私密性和内向的感觉。我相信当你劳累一天回到你的卧室的时候，让你放松下来的最好不要仅仅是那一张几平米的床，而是生成在它周围一切空间所形成的氛围。有了这样的想法，其实我们会对卧室的软装设计部分比较有扩展的方向。可以想得到的是，卧室的空间主要功能是睡眠，但不仅仅是睡眠。这个空间有可能还会产生其他温和，安静的休息活动。可能你的卧室窗外还有大好的风景，那么更加不要浪费，到头来只能坐在床上看风景会是个小遗憾。

　　基于深化功能的考虑，可以增加更多非正儿八经睡眠的区域，例如躺椅、靠椅、阅读角等，同时，床本身也可以相应的考虑更多的储藏功能（床底是个储藏的绝佳之地）。

柜 /CABINET

不夸张地说，任何东西都可以跟柜子结合起来！现在功能家具大行其道，任何家具都有可能被设计成能放更多东西的物件。那么或许可以这样理解，我们不像以前需要那么多联排的巨大的柜子了！柜子其实是点缀家居的功臣，因为它能收能放，可以做背景，也可以做主角，既有功能性，也有装饰性。如果有最万能的家具排行榜，它一定是第一！理解了这一点我们接下来要做的就很简单了。如果你已经有了一套华丽的主角家具，请选择跟他们相似或者无颜色倾向的款式的柜子来搭配他们。如果你的主体家具低调内敛，或略显平淡，柜子这个部分应该多花一些心思在颜色的搭配上和细节的设计上，让它也成为房间的主体。

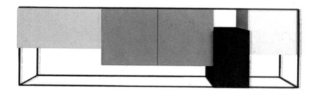

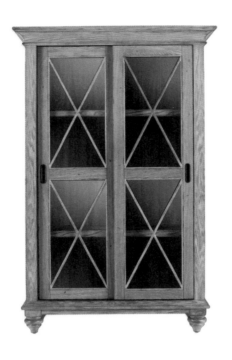

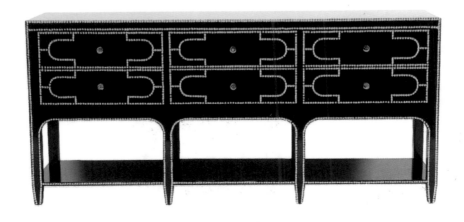

几类其实也是桌子的变种，功能在某些部分跟桌子有共同的地方。但由于它小巧灵活的特性又使得它的功能不仅仅停留在一个桌子上。我确实喜欢用小边几。因为它们往往有四两拨千斤的作用，别看体积不明显，有时候正是它小而精，细而美才让大家从沉重庞大的家具中解放出来，成为家具中最可爱的部分。这样一件玲珑的家具，如果还带着那么一点实用功能性，就再好不过。话说回来，几类家具也是大家可以放心去任性的家具之一！因为它够灵活，也能恰到好处的点缀空间，选择稍微夸张甚至怪异的小边几，会让设计变得更加有意思！

第六章

灯具的选择与软装搭配

　　总的来说，灯具的选择基本上要根据家具的感觉去搭配。但很多人容易犯的一个错误便是：我的家具不够漂亮和特别，所以我决定选一盏很炫很亮的灯来做补充。再次要说明的是，空间中任何两件东西都应该有形或者文化底蕴上的联系。或许你的家具确实不够漂亮和特别，你需要的是选一盏符合整体风格的，但颜色可能稍微有点跳跃鲜艳的灯来作为搭配，而不是猛地选一张夸张的灯！

　　近两年来的灯具设计风格呈现两极化的趋势。文化元素明显的灯具，制作得越来越细致精良，在细节上也很逼真。很多灯具好像就是从那个年代时空穿越出来的一样，带着那个时代的气息和印记。也就是说，大家不满足于单纯的模仿它们的外形，而是对各个时代的文化有着更深层的理解，随着制作工艺越来越发达，使得灯具有一天也能够像工艺品一样细腻。然而另一个方面，不同元素和材质的结合越来越丰富。各国的设计师随心所欲地把它们结合起来，模糊了时间和空间的概念，使得现代风格的灯越来越有设计感，放到任何空间里都有它自己独特的感觉。

那么风格款式选定了，其次要注意的是它的尺寸和照明度。这两个要点属于内在大小和外在的大小。灯具是房间的组成部分，但不是唯一，我们有时特别想展示某一个灯具的美好，就尽可能给它一个超大的尺寸。这样的做法是典型的头重脚轻，近看还行，远看则影响房间的重心。最好的办法还是首先在纸上画一画摆一摆，或者参照现在你坐着的空间内的灯具大小，以下有几个基准。

荧光灯，也就是日光灯，传统型荧光灯即低压汞灯，是利用低气压的汞蒸气在通电后释放紫外线，从而使荧光粉发出可见光的原理发光，因此它属于低气压弧光放电光源。无极荧光灯即无极灯，它取消了对传统荧光灯的灯丝和电极，利用电磁耦合的原理，使汞原子从原始状态激发成激发态，其发光原理和传统荧光灯相似，有寿命长、光效高、显色性好等优点。白炽灯，白炽灯将灯丝通电加热到白炽状态，利用热辐射发出可见光的电光源。自 1879 年，美国发明家托马斯·阿尔瓦·爱迪生制成了碳化纤维（即碳丝）白炽灯以来，经人们对灯丝材料、灯丝结构、充填气体的不断改进，白炽灯的发光效率也相应提高。

LED 节能灯省电，亮度高，投光远，投光性能好，使用电压范围宽，光源通过微电脑内置控制器，可实现 LED 七种色彩变化，光色柔和、艳丽、丰富多彩、低损耗、低能耗，绿色环保，适用家庭，商场，银行，医院，宾馆，饭店他各种公共场所长时间照明。与白炽灯管或低压荧

光灯管，LED 的稳定性和长寿命是明显优势。LED 节能灯能耗仅为白炽灯的 1/10，节能灯的 1/4，寿命可达 10 万小时以上，它还可以工作在高速状态。节能灯如果频繁的启动或关断灯丝就会发黑很快地坏掉。固态封装，属于冷光源类型。所以它很方便运输和安装，可以被装置在任何微型和封闭的设备中，不怕振动，基本上用不着考虑散热。

我们再来了解一下不同的面积我们应该选择多少瓦数的照明（以 LED 灯为例，如果选择的是白炽灯应该选择略高的瓦数）。在客餐厅中，30m² 以下选择 80W 以下，30~40m² 选择 100~150W，50m² 以上建议顶部分区域照明，立面也根据功能的不同分区域照明。在卧室内，面积在 10m² 以下，选择 25W 内的照明。10~15m² 选择 25~40W，15~20m² 选择 40~50W，面积 20m² 以上建议使用两个以上的顶部照明。在此需要特别说明的是，如果是在老人房设置照明，应该要比普通房间的光线更亮些。同时衣柜内，床下，走廊上我也建议多使用柔和光线的感应类灯光，不仅省电省空间，保证夜间功能需要，而且也能保护人的视力。

光线的强弱在空间中，特别是晚上有很重要的作用。同样的瓦数，暖光要显得比冷光暗和热。有的房间虽然不大，但不同区域也要配合不同功能的灯来组合出照明层次，灯罩的大小和方向也会对光线产生不小的影响。

光线其实是一门很有意思的学科，颜色、方向、功率的不同可以使它千变万化。它可以是无，也可以是所有。灯光不是装饰中的附属品，有兴趣的朋友可以专门读一读介绍灯光布局的书籍，也许你会重新审视你当初随便布下的这些灯。

以我的经验来说，在一切风格和一切搭配之前，我们只需要关注和解决的是功能。照明功能才是灯具存在的意义，因此，我们应该在确认空间内无照明问题以后再来局部地调整它们。也就是说，不管空间中的灯是多么五颜六色花枝招展，你必须保证一定有灯具是在完成100%的照明功能。原因其实很简单，从设计心理学上说，谁也不喜欢在昏昏暗暗的房间里待太久，因为会令人心烦意乱。

▲ 面积大的空间内，我们应该注意从点、线、面三个层面来布置灯光，
灯具的摆放也会成为重要节点的亮点，同时本案中灯具的风格和构成形
式也非常统一。

▶ 装饰性和功能性的统一已经让灯具成为了一个空间中不可或缺的重要元素。

▲ 越是有功能的空间越应该注意灯光的设置，图中的书房区域并不大，但采取了 LED 内嵌灯、顶灯、台灯三种形式，满足全房、工作台和书桌三个区域不同程度的照明。

第七章
装饰品的选择与软装搭配

窗帘 /CURTAIN

　　我经常告诉我的客户：不要小看窗帘，它可是占了至少有 1/4 面墙！由于窗帘的布置在整个设计中是置后的，有一部分人并不在意它的重要性，总想着"窗帘最后再随便弄一下"。我们当然不应该如此对待它了，即便是最简约的现代风格，面料相对单一，也应该在款式和细节搭配上作出相应的选择。更需要提醒大家的是，面料单一可能仅限于颜色和花纹上，但这样的风格往往更加注重面料的质感。要明白的是，单拿白纱来说，就分好几十种款式，包括针织的密度、用材、针织的方式都有很大的区别，购买时要仔细甄别。

　　关于窗帘的部分，我认为是"面料 > 款式 > 不同布料"的搭配。好的面料垂顺、线条自然，看上去符合它的厚重程度，会让你忍不住走到窗边摸一摸。这一点的影响力是长期的，所以我认为是最重要的一点。款式的重要程度大家都很清楚，它决定了这一面墙给人带来的第一印象。我还要提醒的是，窗帘的长度也是款式范围内需要注意的因素之一。不仅如此，窗帘有时候也是营造气氛和衬托主体家具的高手。

　　窗帘的主要面料有纯棉、纯麻和棉麻三种。

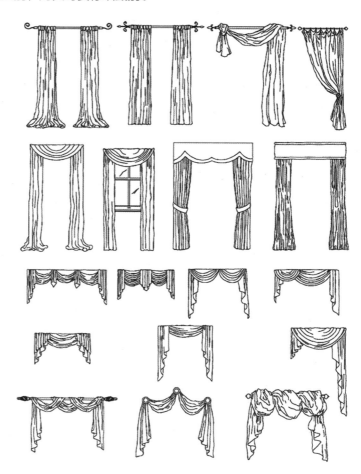

面料 > 款式 > 不同布料

棉 / 麻

　　纯棉织物是以棉花为原料，通过织机，由经纬纱纵横沉浮相互交织而成的纺织品。目前按照实际加工的棉花来源又区分为原生棉织物和再生棉织物。这类面料柔软亲肤，不容易过敏，上色的鲜艳度很好，常常作为服装中内衣裤贴身的面料来使用。

　　纯棉的布料作为窗帘来说稍微有一点局限性，由于它挺括程度不够，易生褶皱，耐脏程度也一般。通常我会建议在婴儿房等比较温和宁静的空间使用。同时，纯棉布料比较容易变形和缩水，故不建议大面积使用，作为小孩房的一两个亲肤抱枕是完美的面料。

　　麻类是从各种麻类植物取得的纤维，其中麻、亚麻、罗布麻等胞壁不木质化，纤维的粗细长短同棉相近，可作纺织原料，织成各种凉爽的细麻布、夏布。麻纤维有其他纤维难以比拟的优势：具有良好的吸湿散湿与透气的功能，传热导热快，凉爽挺括，出汗不贴身，质地轻，强力大，防虫防霉，静电少，织物不易污染，色调柔和大方、粗犷，适宜人体皮肤的排泄和分泌等特点。由于它经久耐用等特性，粗麻布编织也是我国近代历史上特别有名的民间手工工艺。但纯麻类面料的舒适性和手感不太好，很长一段时间没有得到大量的运用。

　　棉麻亚麻类是我最喜欢的面料之一，它不仅质感好，表现力丰富，而且在搭配的时候也是可隆重可清新，可富贵可质朴。棉麻类的混纺面料，既保留了麻料的天然质朴，又有着棉质的柔软手感。同样一款棉麻的料子，只要变换一下罗马杆的样式和窗帘的样式，就可以呈现不同的感觉。棉麻料根据支数和织法的不同会呈现不同的厚度和效果，它与白纱搭配起来也是相当的经典！

　　亚麻的开发利用价值高，亚麻茎制取的纤维是纺织工业的重要原料，可纯纺，亦可与其他纤维混纺。由于亚麻纤维与动物纤维、其他植物纤维、合成纤维相比，具有许多独特的不可替代的优点，决定了它在国民经济中占重要地位。首先，亚麻纤维强韧、柔细，其强度是棉纤维的 1.5 倍、绢丝的 1.6 倍，可纺支数高，织物平滑整洁，适宜制作高级衣料。其次，亚麻纤维具有吸湿性强、散热快、耐摩擦、耐高温、不易燃、不易裂、导电性小、吸尘率低、抑菌保健等独特优点。可与毛、丝、棉、化纤等生产混纺纱，也可纺纯麻纱。

绒布 / 雪尼尔

雪尼尔纱又称绳绒，是一种新型花式纱线，它是用两根股线做芯线，通过加捻将羽纱夹在中间纺制而成。一般有粘 / 腈、棉、涤 / 粘 / 棉、腈 / 涤、粘 / 涤等雪尼尔产品。雪尼尔装饰产品可以制成沙发套、床罩、床毯、台毯、地毯、墙饰、窗帘帷幕等室内装饰饰品，是常见的华丽风格中用到的窗帘布料，细密的绒毛在光线的折射下显得很丰满厚重。

同样是绒布，表面也会有很多处理方式，纯色的，带杂色的，带提花刺绣的，带切割形状的等。这类面料可以在传统风格中结合层次丰富的窗帘款式搭配营造富丽堂皇的感觉。如果你的室内是轻奢风格，也可以用这一类的面料打造出一点华丽的效果。大多时候我们喜欢用深色的绒布作为此类风格的窗帘设计，在此提醒大家其实浅色绒布也是很不错的选择，既华丽又不会太过沉重！

数码印花

在服装界和家居界近几年风行着一种新的面料印刷技术：数码印花。数码印花是将花样图案通过数字形式输入到计算机，通过计算机印花分色描稿系统（CAD）编辑处理，再由计算机控制微压电式喷墨嘴把专用染液直接喷射到纺织品上，形成所需图案。

数码印花机打样在西方印花业已经成为主流的生产方式。欧洲印花业已有 90% 以上的企业采用数码印花机打样，这些企业普遍认为数码印花机打样反应速度快、打样成本低、效果一致性好，数码印花机已经成为欧洲印花业一项必不可少的工具。数码印花对各种面料的适应程度很高，符合人们个性化的需求，对图案的还原度也很好。之所以提到数码印花是因为很多时候我们已经不再满足于窗帘上重复机械的图案，尤其是在后现代，极具个性的混搭风格中，我们需要窗帘更加有自己独特的一面，这个时候可以尝试数码印花来帮我们达成。

抱枕 /PILLOWS

　　当我还是个小孩儿的时候，枕头的功能仅仅止于睡觉，我都忘了小时候枕头上面的图案了。不过到了大点的时候，大家开始疯狂的在枕头印各种东西，各种文字、各种照片、各种明星。到了后来，常常在各种杂志照片中发现各式各样的抱枕！是的，它就是这样的发展神速，如今的它们早就不是那些"甘于用来睡觉的枕头"，而是用来软化空间，提升温馨感的必备品！谁能不爱抱枕呢！在我的理解中，抱枕应该合理适当地分布在那些需要增加舒适温馨感的区域，而不需要过多的堆砌在每一个的坐具上。在一定程度上，你可以通过一些经过精心设计的抱枕来表达每个空间各自的风格。

　　首先，我强烈建议把抱枕和窗帘放在一起考虑。最好他们能够出自同一系列的布料，当然不一定是同色。这样有利于空间的整体感觉，即使抱枕太多或者太少也不会有太突兀的感受。其次，当面料确定以后，再根据不同房间的风格来分别选择各自房间的独特抱枕。除了颜色和款式上的区别以外，还有很多不同形状的抱枕供大家选择。我不排斥在儿童房或者很休闲的区域做一些夸张有趣的抱枕，让人一眼难忘！如果你不是抱枕爱好者或者整体房间属于比较硬朗简单的风格，选择几个质地较好的纯色抱枕随意放置也就可以了！为了营造随意舒适的感受，请尽量选择大小不一，颜色也不太一样的系列抱枕！网络上有很多卖家会成套搭配好来卖，很容易淘到你心仪的抱枕。

　　装饰画在装饰过程中的重要性已经不需要过多的强调了。大多数情况下，单数的组合比双数的组合要好看。装饰画美观、便宜、好安装、易更换，好处数不胜数！在这里只想说，也别掉以轻心！有人认为装饰画确实能够在空间中起到装饰的作用，但并不在意画面的内容、颜色、摆放方式和边框的材质款式。其实只有注意好了这些，装饰画才能够真正地起到好的作用，而并非只要把空间填满。毫不夸张地说，装饰画之于空间，也是水能载舟亦能覆舟的。无论你多么喜欢一幅装饰画，也必须要考虑它能不能为空间服务。

　　软装过程中装饰画设计的具体步骤为：

照片墙的体量

　　这个取决于我们的照片墙是要成为空间的主体和亮点，还是为了填补少许空档，为了衬托墙壁或者其他家具。过于复杂的排列手法在一定的情况下有可能会使空间变得比较凌乱又没有重点。

进行边框的确认

　　根据风格的不同，我们会选择不同的框架，甚至是没有框架的装饰画。在此提到的边框也包括了画框的内容四周是否要留下白色裱边。越是经典、隆重的风格可能会需要更加有存在感的、质感和形状都很突出的边框来衬托，而现代极简一类的风格，往往需要弱化边框，给人以利落的印象。边框的选择也不仅仅与本身的设计风格有关，具体一点还跟它所处的背景的材质和颜色有关。尽量做到与背景的质感和颜色拉开少许的层次，或者是用画的本身与之拉开层次都是可取的做法。

对于形状和排列进行确认

　　现在市面上有很多不同种类的照片墙和装饰画墙可以进行选择。混搭性比较强的空间，对于形状和颜色的限制都比较小，着重体现趣味是最大的目的，包括不同材质的组合，雕花边框和光面边框的组合，

TIPS:

装饰画不是越多越好，如果你真的有很多空白的墙壁，可以考虑用别的材质或者形式的装饰画来代替。也并非每个房间都要放，照片墙在一套软装设计中也不宜出现太多。

有框和无框的组合，不同颜色的组合。如果空间的风格统一性很高，做得比较标准和纯粹的话，就应该考虑装饰画和空间的整体严谨性。注重装饰画和照片墙整体的外形要与空间的外形搭配恰当。

装饰画内容的选择

根据悬挂区域的不同，我们会有不同的选择倾向。但最基本的是应该与整体的风格相匹配。装饰画这个部分很容易犯的一个错误就是通过分割空间来分割选画，导致不同房间内的画没有任何内在的联系，只把它们作为单独的个体来欣赏，不得不说是设计中的败笔。

客厅作为最重要的活动场所，选择的装饰画并非一定要大和鲜艳，但一定是可以表达主人性格和内涵的。这幅画的选择尽量是跟着空间设计的精气神来走，或张扬，或低调，或质朴，或有很高的艺术价值，都需要比较准确无误的表达。与此同时，装饰画作为软装中重要的一个环节，并没有从整体色彩、风格中跳脱，所以它的题材，色调等都需要与基调统一。

传统、经典一类的风格适合较为具体的内容，画面也较为精细，体现其稳重大气的内在。抽象画就是与自然物象极少或完全没有相近之处，而又具强烈的形式构成面貌的绘画。如果运用得当，可以放在任何风格的空间中。一般情况下，我们会比较多使用在现代空间、禅意空间或者混搭个性类的空间。因为现代人的思想更加自由化、概念化，对于同样的东西可以有着属于自己的不同理解。这个时候我们并不很需要一个具体的载体来表达思想，而只需要传达给人们一种意识和感受就很好。

在西方的架上抽象艺术概念传进中国之前，中国历史上文字记载中一直没有出现过"抽象"两个字，抽象两个字的汉字翻译是从日本转过来的。在中国文字历史上，有意、象、意象和超象（超以象外，司空图语）的词义和抽象最接近。意可以解释为意境、意思、意念、意想等，象是"两仪生四象""大象无形"的象，意象是物象、表象、心象和语象合成的有机统一系统。和抽象相比，"超象"一词，超越物象、形象而非具象，可能比抽象更加贴切于"抽象"。人们对抽象画的理解通常会有很大的不同，所以抽象画并不属于很容易上手的一类装饰画品。我想这也是抽象画的魅力所在，不被具象和表面所禁锢，真诚地表达自己的所思所想，而打破了传统认知上的画就应该像什么的概念。抽象画也用来提高空间的意识感和精神层次，更加接近心灵与心灵的对话。

装饰画材质的选择

这一点并没有和第二点重复。最初我们想做一个照片墙，是想把与家人朋友的照片集中起来展示，留作纪念，或者只是想装饰一下空白的墙面。就这样一个单纯的初衷，随着时间的推移，我们对画面的内容有了要求，我们对排列的方式有了要求，慢慢的，我们不再局限于"照片"这一内容，装饰画、照片墙更多的变成了一个综合性的展示墙。所以，除了平面的图画以外，出现了实体装饰画，也就是采用更多的材料而非颜料来做成装饰画，或者干脆跳出画框，用某一件装饰品来替代一个画框。单纯的画面已经不足以用来表达人们的感情，我们更加喜欢把与情绪相关的材料和物料摆到一起，做成一个有趣的、更有质感的展示区。下图是几组比较合理并且好看的照片墙排列方式。

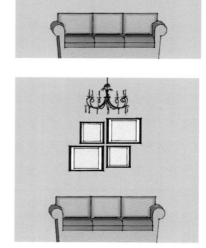

地毯 /RUGS

　　很多人并不爱地毯，原因是它们难以打理，时间长了变旧变黄，只好扔掉。但我不打算忽略它的美好。它就像梳妆打扮完后的珍珠项链，可以起到增光添彩的作用。地毯的形式也是多种多样的，既可以作为软装的辅助补充，也可以直接成为某个区域的亮点。

　　从形状的选择来说，通常的地毯（块毯）外形会与相应的家具外形相近似，这样看起来比较舒服，同时也有一种配套的感觉。地毯是主人热爱生活的象征，同时也给人一种家的温馨感，哪怕再冷色调的硬装方案中，加入一块素雅的长毛地毯，空间立马回春。一块上好的手工羊毛地毯代表着质量，不仅给人舒适的脚感，也彰显了主人生活家的品位。不过地毯的打理也确实需要费点力，但我还是不反感在房间摆放一样这样"娇气"的装饰品。它放的位置够低，够低调，可能第一眼你都不会注意到这一块布，但最终也掩饰不了它在空间中担任着如此重要的视觉中心地位。不过，就算你还没打算照顾一块娇气的名贵地毯，也有大把平价实用的好地毯可以分享。

 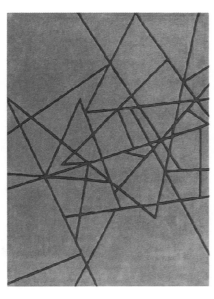 

　　牛皮地毯（当然是人造的，我个人反对使用动物皮草）可以为空间增添狂野但华贵的气氛，特别适合个性主义的、很酷的较大空间来使用。有了它，房间会增添不羁潇洒的气质，受到很多年轻客户的喜爱。牛皮地毯有整块的，也有拼接的，自然的裁剪加上手工缝制的痕迹仿佛来到了草原或森林。羊皮地毯柔软保暖，毛质相当细腻，受到不少女生的喜爱，可爱的小孩房（尤其是公主房）也特别合适。棉麻质地的地毯也是使用相当广泛的，以它们的质感和颜色作为特色，自然风格的软装搭配少不了棉麻地毯。纯色剑麻的地毯常常用于中式、禅式、日式的装饰方案中。

　　除了上述常见材料的地毯之外，还可以关注一些特别材质的地毯。我通常喜欢在面积不是很大的区域内使用一些非常规类的地毯，哪怕只是搭配一些较为普通的家具，也瞬间可以吸引大家的注意！我们会搜集一些废旧布料、布条、牛皮羊皮条，有的甚至是不要的围巾、牛仔裤，带着一点怀旧朴素的风情，稍加改造，它们也能立马变成地毯和搭巾。现在也出现了一种把地毯挂在墙上的挂毯，使得地毯与装饰画互为补充，能弱化空间中很生硬的感觉，看起来也相当不错。选购挂毯的时候一定要注意尺寸，由于材质吸光，挂毯不适宜放在光线太暗的墙面上。其实，任何布料都有成为地毯的潜质，材料不一定昂贵，精神必须优雅！

　　家具选好之后，我们常常会发现空间中总有一些大件家具不能满足的功能，或者产生一些"空间缝隙"。感觉摆上东西很挤，但什么都不摆又有一点空。其实对于并不很空旷的空间来说，势必有些功能只能够重叠和流动的运用。要想很固定地把所有功能排列起来会有点困难。尤其是在于有些大件家具确实功能单一，满足不了不同时间和不同使用人数的需求。这个时候如果我们加入一些可移动式的小家具会很棒！移动边桌、移动茶几、移动储物柜、移动收纳架等。它们可以使用于任何空间，搭配在固定的壁柜和架子下面也会产生不错的效果。当空间的人数增多，需要一些随意的谈话空间时，可以临时组合桌椅，又能够轻松地复原。这样的家具在空间里真不会嫌多！同时这样的设计往往能够弥补前期硬装没有考虑到位的不足。

　　这样说并不是意味着只有小空间才能够使用移动家具，大的空间中想要分散功能区域的时候，往往可以根据业主的需要把一个大功能的物件按功能分区拆分成细小的物件，让视觉变得轻松，减少庞然大物的存在，但实际的功能性并没有减少。在我看来，这样的做法实际上是把功能需求碎片化了。在诸多条件限制下，我们对空间结构是做不到完全随心所欲的，在这样的前提和使用者的功能要求下的因地制宜也是空间设计的一种。

　　软装的部分表面上看起来不需要做空间墙体的改造，只是需要把空间填充好看，但实际上跟空间规划上也有很多联系，有时候它们可以很好地为空间服务，并且能改造空间！买家具容易，买好就需要花点心思咯！

儿童房家具/Kids' furniture

　　我很想对熊孩子们的空间多说两句。孩子们对于自己的小空间的满意所呈现出来的快乐是大人无法想象的，我很乐意多花一点时间来单独为他们考虑一些事情。无关乎空间的大小或者预算的多少，真正地考虑他们的感受，而不仅仅是成人房间的迷你版，让孩子们真正地开心起来。

　　我们通常对儿童房家具的要求就是环保。这个"环保"应该是多维度的环保。特别是在儿童的生长发育期间，要注意避免生长发育过程中由于设计不当造成的问题。比如说床垫，过软或者过硬的床垫都不适合儿童，因为在脊椎的发育过程中，舒适并不是第一位的，更应该注重的是分区域的科学支撑，所以在床垫材质的选择上我们应该更加谨慎。写字的桌面方面，由于儿童不同时期的身高不同，尽量选择可调节和置换的家具会更具有实用性。

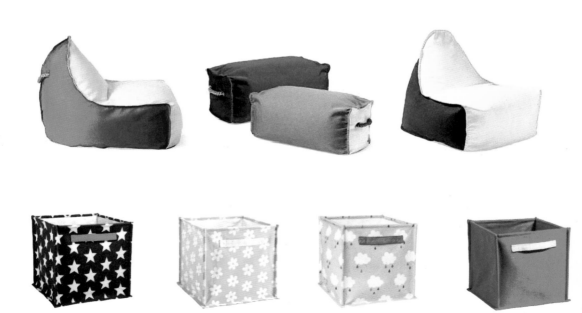

此外，除了我们最在意的甲醛释放量以外，儿童家具中的油漆也是不容忽视的部分。儿童的皮肤经常与之接触，频繁在家具中攀爬活动，劣质家具油漆不仅气味难闻，外表颜色鲜艳但重金属含量超标。为了避免这样的情况发生，现在有一部分家长喜爱 DIY 清漆来做儿童房的家具，很值得借鉴。如果特别想使用颜色鲜艳的儿童房家具，请一定注意油漆的各项指标，是否对儿童的健康成长会造成潜在的影响。

　　现在我打算再说一些选择儿童房家具的特点。除了环保以外，我们要尽量做到"软"。这个"软"应该是设计者带着一颗有爱的、温柔的心来考虑的事情，就像一个刚刚出生的婴儿在襁褓中，你的一举一动都可能会让他感觉不舒适。作为设计者，我们首先应该让儿童房的整体气氛会要比普通的房间更加美好一点。可以理解为给女孩们多放一些玩偶，但更重要的是偏重实用性上的"软"。熊孩子在尽情玩耍的时候，难免有一些磕磕碰碰，我们在房间内选择的东西要留出一些缓冲的余地，儿童年龄越小越需要注意。所有坐具的接触面尽量选择亲肤质地的材料，多加入一些柔软的毯子和靠垫，会让孩子们更加有安全感。

　　其次就是尽量考虑选择的家具要有互动性和趣味性。孩子并不在乎一件家具是否奢华名贵，是否用很珍贵的材料制作而成，他们在乎的只有是否有意思。在这样的前提下，我们选择的家具更应该注重功能性，意味着有点四不像的东西他们会更喜欢使用。可以坐着，可以躺着，可以趴着，可以多人使用，可以摇着，可以转着等，能与他们对话和互动的都是最好的家具，其他的都不是重点。当他们欢乐的招待小伙伴的时候，第一个会感谢如此贴心的软装设计者！

书桌颜色调整为蓝绿色

床头柜与主卧
床头柜同色

▲ 在这个偏男孩风的地中海风格房间中，除了整体风格配合其他房间以外，增加了绿色，蓝绿色系的家具。同时家具的细节线条更加丰富并且富有乐趣。各种配饰的搭配以童趣造型为主，船型书柜和木马也具有可玩性。

放床尾 →

放进门左手边空挡 →

全榉木原木，
改为纯白 ↑

▲ 北欧风格的儿童房中，同样也不需要过于在意颜色的多少。根据孩子本身的特点，可以加入灰色、红色、橘色一类的亮色。维持整体色系在一个明度上，就能营造活泼但不幼稚的童趣气氛。

第八章

特别区域的装饰

我相信大家对于常规区域的物件规划和装饰已经有所了解。客餐厅、走廊、卧室，都是在设计过程中第一时间需要重点考虑的区域，大家也会花较多的心思在上面。这种思路是值得肯定的。除此之外，还有很多我们不太在意的地方也是很值得设计一番的。

　　中国人特别在意客餐厅、走廊、卧室，因为它们是空间的门面。但是，类似卫生间或者厨房却是使用频率非常高的地方，功能性也非常强。那么是否这样的区域应该忽略，或者有没有太多美化的必要呢？实际上，越是使用频率高的地方，越应该注重人在空间中的感受。不能因为空间小就随意安排。庆幸的是，现在大家越来越乐于打造除主要空间以外的空间了。厨房还更加有食欲有趣味，卫生间也可以让人更放松更享受。下面我给大家介绍的是应该特别设计的一些容易让人遗忘的区域。

　　我特别注意门厅，特别是从他人走进门厅开始，第一印象就是来自门厅或者玄关。所以我并不太赞同把门厅做成满是储物空间。很多人会觉得，玄关待的时间不长，没有必要把大量的精力花在装饰这个区域上。在我的想法中，门厅是能够表达主人对生活的态度，对客人的态度的一个很重要的区域。同时，也是主人劳累归来第一眼能够望见的地方。建议门厅能够汇聚整体设计理念的精髓，充分地表达颜色上的、元素上的各种意境。当然，门厅是可以带有一些实用性功能的。例如钥匙盘、换鞋椅凳、雨伞架、挂衣架等，但不适宜太过臃肿的储物。

　　除此之外，在户型比较紧凑的房型中，可以在玄关加入一些别的功能。穿衣镜、钟表、折叠梳妆台、小书柜等。因为装饰镜可以装饰也可以梳妆，小书柜可以放书也可以作为一个玄关台，配合其他装饰性的元素成为一个精致的玄关区域。对于爱好随身携带两本书出门的人来说这样的设计也是再好不过了。

　　还可以在玄关铺设各式各样的小块地毯，不但干净整洁，也让客人有一些温暖的感觉。总的来说，门厅玄关一类承载的是一个空间的第一印象，同时也承担了很多七零八碎的小功能。

如果你的门厅或玄关采光不好，就不能够随意的做一些柜子把它填满，而是运用反光材质的装饰品和窗帘搭配起来使光线更加充足，给人明亮美好的第一感受。由于空间有限，有时候我们不得不在玄关设计一些储物空间，也请特别注意这些带有实用功能的家具的外部美观和精致。除此之外，在挑选功能家具的同时，由于我们在意留出更多的空间来装饰，我们选择的功能家具首要考虑它是否可拆、可自由组合，利用空间的程度等特性。这样才能在有限的空间内放置更多的物品。另外，玄关放置的东西比较杂，灵活性也很大，都是一些常用而琐碎的物品，建议多使用功能箱、收纳筐等。在这个区域内，每个角落都被进门的人一览无余，力求每一件小东西都通过认真挑选，高度概括地表达整个空间的设计意图，强调设计理念和元素，让人感到这不仅仅是一个储物空间。

厨房装饰

大多数人会认为厨房是最注重功能实用性的空间，这一点依然没有错。但我认为做饭需要美好的心情，心情的好坏会影响美食的味道。正是因为如此，我们就更加不应该只是把它作为一个单纯的工作区域，而是要把它当作一个需要良好气氛的空间。所以，首先开始不要只是把所有的东西做成封闭的柜子吧！你需要考虑一些更加丰富的柜体款式。简单地来说，有封闭装饰性柜门、半封闭的玻璃柜门、格子柜门、百叶柜门、栅栏柜门、弧形柜门，还有开放式的格局等。不常使用的或者并不是很整洁的物品可以使用封闭式柜门，但经常需要拿取的部分可以采取开放式的格局，根据每个东西功能的不同来划分格子的大或者小，这样的思路下来，可以在适当的位置增加多一些的抽屉和拉篮。这样的做法并不会多此一举，真正待在厨房的人会因为这样的设计而省力不少，也提高了工作效率。更重要的是，在装饰性上，这远远要比封闭式的柜门看上去更加人性化和精致。

选择柜门

在现在市面上主要流行的柜门材质中，有几种是比较受欢迎的材质。考虑到厨房柜门在功能上的特殊性，它不像基本的衣柜储物柜的柜门，而是要长期放置在相对于比较潮湿油烟污渍较大的环境中，所以我们会特别留意橱柜门的材质。

◇实木柜门

实木柜门造型多变，端庄大气，适应于各种风格，复杂的造型也不在话下，显高端和档次。同时它的变形几率也是比较大的，尤其是在潮湿的环境下，对于工艺和使用上的要求都比较高。实木的柜体容易滋生细菌和虫类，在保养上不得不说是比较麻烦的事情。同时，就像我们平常所接触到的实木家具一样，它的表面油漆也需要一些基本的维护和打理，才能保持自然光泽，这个也跟所使用的油漆漆膜有一定的关系。作为实木柜门来说，有全实木的材质，也有贴面型的实木。贴面型的实木相对来说比较经济划算，也不需要特别保养。

◇模压门板

模压门板是用中密度板为基材，表面可以镂铣打磨，塑出各种造型，然后表面用 PVC 膜真空压膜一次成形，无封边，整体密封性强。模压门板的优点是整体性能较好，不用封边，具有美观个性的造型。防潮性能也比较好，可以用来做浴室柜，颜色选择空间比较大，部分仿木纹的 PVC 膜也做得较为逼真，凹凸质感也非常强。有些模压门板远看基本和实木门板所差无几，但实际上手感上还有一定的差距。不过相对于它的易打理性以及在各种环境下的适应性来说，已经是一个非常不错的选择。在欧美发达国家模压板的使用非常广泛，尤其是在厨房、卫生间等特殊空间中表现出色。在外观上，现在的模压板也在一直追求更符合大众审美需求的颜色及纹理，或现代，或欧式，也可以非常个性化。

◇三聚氰胺刨花板门板

　　三聚氰胺颗粒板的基材是将木料打成颗粒和木屑，经、重定向排列、热压、胶干形成。三聚氰胺密度板的基材是将木料打成锯末，经重定向排列、热压、胶干形成。两者区别在于：颗粒板强度大、吸钉能力强，密度板相对弱些。同样的，三聚氰胺板也可以仿真各种纹理和图案，但是它做出图案的方式与模压板是不一样的。加工流程是将带有不同颜色或者纹理的纸放入三聚氰胺树脂胶中浸泡。待其干燥到一定固化后铺装在中密度纤维板、刨花板、硬质纤维表面，再经热压成型。特点是色泽鲜明、硬度大、耐热、耐磨、耐化学药品、易清洗，相对模压板来说防火防潮的性能会更好一点。就是这样一种性能非常优秀的板材，在选择的时候也要注意，因为内部基材使用的好坏不仅决定了密度等物理性能，最重要的是决定了它的环保性能。由于基材含有一定的甲醛释放量，控制在一定范围内，符合国家生产标准的板材是对人体无害的，所以一定要选择每 100 克刨花板的甲醛释放量应 ≤ 30毫克；E1 级中密度板每 100 克中，甲醛释放量 ≤ 9 毫克；E2 级中密度板中，甲醛释放量在 9 ～ 40 毫克之间。也就是说，甲醛释放量高于上述标准的板式家具，不宜购买。可以要求商家出具家具基材的检测报告，以鉴别此项指标是否符合要求。

实木的环保等级相对来说是最高的，造价也是最高的。但选择实木并非是最省心省力的选择，特别是用于特殊的环境中。有些极简的现代风格对柜门表面的平整度和色泽也有一定的要求，这个时候选择优质的板材作为面板也不失为良策。从另一个角度来说，市面上有很多使用板材作为主材的家具品牌值得大家信赖，结合自己的风格，我们也应该综合的考虑。

选择台面

除此之外，我想重点介绍一下关于台面的材质。到底选择哪一种厨房的台面材质一直是大家争论的焦点。结合不同的风格和各种材质的特点，其实选择哪一种台面材质是各有特点的。

◇石英石台面

石英石台面的主要成分是石英，一种非常稳定的化学成分。它的特点是硬度强，不怕刮花和污渍，也很容易清洁。接近无孔的密度使得它抗污能力很强，细菌也难以滋生，用久了也不会褪色，是作为台面的非常主流的材料。但由于其化学成分的特点，它不能够随意造型，特别是带有弯道、高差、异形一类的台面，如果使用石英石来制作的话，会产生一些拼缝，长期使用后这些地方也容易积累污垢，如果细节有损坏的话也比较难以修补。同时在装饰性能方面，石英石台面颜色大多比较暗沉和低调，而且以玻璃混杂的杂色为主，适合较为经典传统的风格。

◇人造石台面

这种高分子的人造材料，能够90%以上的接近石英石台面的性能。人造石无毒性、无放射性，阻燃、不粘油、不渗污、抗菌防霉、耐磨。更重要的是因为它属于人造的复合材质，它可以复制石英石的花纹颜色，可以做出石英石不能做出的颜色。特别是现今流行的北欧、现代等风格，需要一些非天然矿石的颜色来使厨房更有特点，人造石就成为了很好的选择。同时，人造石的特性使得它可以随意造型，没有接缝，避免了绝大多数的长期使用的后续问题。人造石的温度比较恒定，即便是冬天也不会特别冰冷，手感柔和。

◇薄板材质台面

作为台面来说，它是一个很新型的材质。超薄的面板有一些是由天然石料和无机黏土经特殊工艺，采用真空挤压成型设备和全自动封闭式电脑控温辊道窑烧制，其密度、硬度等能够完全达到作为厨房台面来使用的程度。根据厚度的不同还可以使用在外墙、内墙、地面装饰等，根据效果的不同有哑光型和抛光型。

这一类薄板还有瓷砖薄板，是一种由高岭土黏土和其他无机非金属材料，经成形、经1200℃高温煅烧等生产工艺制成的板状陶瓷制品，也慢慢地在橱柜台面中运用开来。这一类的材料除了本身的性能能够达到我们所需之外，颜色和质感上变化也很多，从质朴风到华丽的大理石风格，都能够提供比较全面的花型选择，甚至连抛光的程度都可以进行人为的控制。这样创新型的材料，不仅减少了生产的时间和成本，也节约了物流的成本，减少了损耗的可能，部分材质还可以完全回收再利用，我认为在现在的自然环境中具有很重大的意义。在现代LOFT风格、复古做旧风格和经典传统的风格中都能够较好的运用，其环保的特性也非常符合现代人的理念，我相信这在不久的将来会成为一种倍受推崇的台面材料。

◇不锈钢台面。

不锈钢台面光洁明亮，各项性能较为优秀，但适用的风格比较局限。一般我会在现代风格中使用。它的好处在于容易搭配，显大气和时尚，耐热耐磨，特别易于清洗，由于表面的密度很高，其抗菌能力也相当不错，同样也是非常环保的材料之一。但是不锈钢台面对风格的要求，对工艺的要求较高，同时表面容易被利器刮花，这使有一部分使用者望而却步。

◇木质台面

很长的一段时间内，木头作为一种比较脆弱的材料，不适用于作为厨房的操作台面。但是在一定的风格允许下，例如传统风格，或者需要偏乡村的元素，使用实木作为厨房或者吧台的台面也是很好的选择。当然这样做的时候需要注意一些细节方面的问题，并不是任何木质的板材都适用于这样做。

首先，全实木的，带有一定厚度的（个人建议 5cm 以上）材料是作为台面的首选。这样可以最大限度地避免年常日久的开裂、开胶、脱层等情况。同时，考虑到需要在台面上进行一些操作，木板需要有一定的硬度和强度的承受能力。应该选择俗称中的"硬木"，比如取自落叶性的细叶林木，包括橡木、桃心木、桦木、红橡、硬枫、赤杨、榉木、黄杨等。除了硬度和强度要优于软木以外，由于密度较高，厨房内的水汽、潮湿等情况对它们的影响也会小一点。硬木的价格是比软木要贵，但在关键区域的木材选择上，应该舍得花上一笔。

　　第二，当然不仅仅只是选好一块木材摆到柜体上这么简单。尽管我们已经选择了一块优质的木材，在作为厨房台面的时候，还是应该再做一些专业的处理。现在有一些品牌已经推出了可用于木头的防潮底漆，刷在木头的表面可以使空气和木材本身隔绝（理论上），减少甚至杜绝细菌的滋生和表面的氧化。刷上底漆的同时，最后在表面可以刷上一层木质台面专用的油漆，增加易清洁度，光泽度和亮度。做完这一系列的前期工作，后期确实不需要太过复杂的保养，和一般的石材台面使用无异。

由于饮食习惯和处理食材的方式的不同，西方国家使用木质作为橱柜台面是非常广泛且普遍的选择，经历过一二十年的使用往往依然能保持很好的状态。不过在这里想提醒一句的是，这样的处理方式属于一般适用的手法，每个人使用厨房台面的习惯和方式都不同，如果台面使用频率特别高，经常处理湿度大的食材，还是可以考虑在木质台面的局部再镶嵌石英石等材质，这样更加方便各种操作，也不破坏整体为木头的设计感。

设计搁板

很多人会认为在厨房中设计隔板不美观。其实不然。不同的风格有不同的适合的元素，封闭式的柜门并不是越多越好，这点我们应该有所体会，厨房内的物品使用频率和情况是不一样的，除了陈列物件以外，橱柜的设计应该更多的考虑使用者的感受，由此就衍生出了厨房内的各种功能布局。只要是稍微有点生活化的风格，都可以考虑留出一部分开放式的隔板空间来便于拿取物品，如果这些碗碟还特别精

致漂亮，那就更好了。只是简单的改变就可以在空间中添加随性的感觉。同时，厨房内小杂物是很多的，但这些杂物又是我们会经常要使用到的。由于隔板使用的自由度大，使用方便，有些隔板还可以自由调节高度。没有柜体那么多的限制，所以隔板的储物能力是不容小觑的。所以，隔板并不是过时的装饰品，它可以做成很多不同的造型，集合了前人的智慧。它的可操作性也是很高的，几乎人人都可以自己购买、定制和安装。

柜子加门板的体积相对来说很大，那些无法利用的犄角旮旯和异形的区域通常会让人觉得遗憾，但选择安装上隔板会非常明智。不仅仅是使用在厨房，隔板可以使用在空间的任意角落，小户型的空间尤其实用，也特别适用于儿童房收纳孩子们的玩具和零碎物品。

增加挂件

厨房挂件是厨房收纳的灵魂角色，每个大厨都希望有一间为他私人定制的人性化的厨房。我们使用挂件是为了方便使用者，对于参观者来说更是展示主人生活的另一面。挂件占的面积不大，但是细节的设计能够直接影响它的功能。材质方面，可以选择不锈钢、黄铜和太空铝。

不锈钢的卫浴五金不变色，不易生锈，容易清洁，风格上比较合适现代或者较为简约的风格，但需了解的是不锈钢的材料也有好坏，大家所熟悉的 304 不锈钢，要求钢必须含有 18% 以上的铬和 8% 以上的镍含量，才能够保证它的耐腐蚀性，在购买的时候需要向商家了解不锈钢材质的质量。

铜是五金制造，配件零件中性能很优秀的材料，硬度、耐磨度、耐腐蚀性都非常不错。它的表面可以处理成仿古型的，也可以镀成不

锈钢的颜色。太空铝材料表面颜色会偏哑光和稍微浅一点，是近年来比较受欢迎的材料。

太空铝是经过高温氧化等特殊处理过的铝镁合金，可以经受几千度高温和强大的冲击力，是一种强度和防腐性能都较高的铝制品，具有轻巧耐用等特点，由于刚开始大量用于航空器材的制造等高科技领域，所以叫"太空铝"。它还有一个特点就是质地比较轻，使用起来也比较方便，好的太空铝材料也不会有生锈的问题。

装饰地柜背板

最后其实也是最重点需要介绍的是，你一定要用心装饰你的地柜背板。我所说的地柜背板指的是吊柜和地柜中间的空余墙面，通常与地柜同宽，有 800mm 左右的高度。

我要表明的是，这一块面积并不大的墙，与厨房任何墙面都是不同的。它的位置特殊，处于地柜和吊柜之间这样一道狭窄的空间，实际上特别容易吸引视线，不管好还是坏，通过橱柜本身表面的材质的对比，它的质感会毫无保留得体现出来，并且是在第一时间就体现出来。有些厨房的采光本身就很一般，加上这一块墙面所处的夹心地带，更加减弱了它所带给人们的明亮的感受。作为一个下厨的人，心情是尤为重要的，谁也不想在阴暗的操作间内。同时，根据色彩心理学的基础理论我们也很清楚，环境光线反射到食材上，会影响料理的处理和人的食欲。这一块的关键之处还在于，集中了很多临近的区域，所以它对功能的要求很高，各种小件、功能件都应该重点考虑集中在这个区域，方便拿取。由于烟机和灶台很有可能也在这一区域内，它的耐脏性和易清洁性也是需要提前纳入考虑范围内的。由此可见，把这块墙面单独考虑特别重要，把它与其他墙面一起带过这样的方式早已陈旧，因为它已经渐渐成为厨房的亮点之一。

TIPS：

请一定选择更美的表面材料。不管你是打算贴瓷砖，还是刷漆，还是绘画，还是采用不锈钢等现代的材质，请注意有意的美化它，把它与橱柜的材质摆在一起作为对比，好的选择可以使橱柜更加有质感，本身也更加精致。

　　以前的衣帽间只会存在于大的别墅空间或者有空余空间的房子中，而现在我们时常会收到各种想要一个衣帽间的需求，哪怕是空间不大，每一个客户（尤其是女主人）都希望在一套房子中有一个自己收纳衣物的天地，而不仅仅是一个衣柜。这个时候我们的衣帽间很可能不是一间很大的房子，也有可能要从别的空间中划分出来，更有可能是跟别的空间一起合并运用。不管怎样，大家想要一个衣帽间的决心是越来越大了。所以说，很多衣帽间并不是本身就存在的，而是通过规划和设计出来的，它们的形状各异，可能利用任何的多余空间。

　　一个好的衣帽间除了是面积大以外，内部的优秀设计会使得整体整洁有序，一目了然，节省时间和方便使用。如果在软装的设计也能够跟上别的空间，它的实用与美观的统一完全能够使它成为整个空间的亮点。

开放式衣帽间

　　开放式衣帽间适用于简易家居，它功能综合，目的是以方便为主，搭建方便，拆卸也比较方便。开放式的衣帽间可以使用在存放经常需要使用的物品上，不适合放置闲置或者娇贵的面料。如果你选择了这样一个简易的衣帽间，要注意它完全裸露在外的零件架构，应该挑选颜色质感与整体风格相符的五金、层板、各种挂杆。适当使用储物箱、储物蓝能遮蔽一些杂物，也起到一个防尘、美化的作用。

嵌入式衣帽间

　　嵌入式衣帽间目前在欧美的国家很流行，简单的来说就是利用一面到两边凹陷的墙壁嵌入一些层板和五金，弱化传统衣柜的结构，最大限度地合理收纳物品，正面通常是透明推拉门或者布帘。它的实用性比普通衣柜要高，而且能够适应各种形状。

走入式衣帽间

走入式衣帽间或许是最受欢迎的衣帽间类型。它可以是多种形式的储物柜的组合，开放式和封闭式的柜门相结合。不仅如此它不仅仅是承担存放衣服的功能，还可以有换鞋、休息、梳妆等功能，更有些颇有情调的衣帽间可以喝咖啡。在这么完美的衣帽间内，应该在中间布置一些柔软随意的沙发和小块毯，方便挑衣服的时候更加愉快舒心。不管是什么类型的衣帽间，由于它物品种类繁多，即便已经有大量储物的区域，我们也应该为小物品的收纳做一些功课。衣帽间内的家具除了一些基本柜子，还可引入一些转衣架、领带架以及下挂式挂杆、内置倾斜式鞋架等新型五金件，其中旋转式挂衣架是近几年在国内比较流行的，它不仅节省空间，而且存挂量大，是传统衣柜的2～3倍。

衣帽间的主要功能是储物而不是展示，所以我们并没有太多的空间去摆放只能观看的装饰品。其实，很多精巧的收纳件本身就是一件很好的装饰品。选择这些物件，一方面使零碎物品更加一目了然，另一方面也增加了衣帽间的优雅氛围。这个空间在我看来比客餐厅更加能展示主人的另外一面，它的软装设计风格应该更加生活化和柔美化，能够更好的服务于它的基本功能。

最后一点就是合理安排衣帽间的灯光。我毫不反对衣帽间设计一盏很华丽的吊灯，或者加上一些柔美光线的壁灯，毕竟这是一个非常私人的领域。只有具有特色的灯具才能衬托起各种各类的衣服。同时我也建议着重考虑衣帽间的功能性灯光。首先要保证各个角度的照明的光线是均匀且明亮的，有利于我们看清每一件衣服的款式和颜色。这一点可能与普通房间的基础照明有点不同，尽量不要留下光线的死角。在开放式的区域，特别是经常拿取物品的区域内，另外还有穿衣镜，梳妆台的范围，都应该酌情增加光线的强度。

整体软装搭配解析

▲ 粉蓝色系列搭配，高明度色系的搭配显得青春粉嫩，加入灰色和木头的元素来中和偏幼稚的感觉，金色单品提亮空间，增加现代和精致的感觉，这是一组不仅适用于儿童空间，也适用于成人空间的软装小品。

▼ 橘黄色近似色系的搭配，自然清新却又不失活泼，几何纹样的小件带来年轻的气息。藤艺品和木制品的加入平添了手作和天然的感觉，搭配粗犷随性的植物和装饰品，一股时髦的异域风情感受，也不会过于突兀夸张。

▶ 此方案带着很现代的
古典主义风，也称新古典
主义。整体家具造型偏复
古和细致，面料使用绒面
质感强烈。局部使用水晶
的元素，突出奢华之感。
橘色的沙发和牛皮地毯的
运用使得古典主义基调下
的空间中多了一些张扬的
个性。

◀ 乍看以中式元素为主。细看发现大部分单品都不是常规中式风格的家具，除去了过多细节，加入了现代美感和线条。整体色系偏厚重，但款式却很轻盈。金色和粗犷原木的加入给空间添加了一丝自由随性的味道，营造出浓重的现代亚洲风。

餐边柜

实木，与橱柜面板，外纯色骨木头色

换鞋凳备选 1

实木，客厅茶几同系列，改偏深原木色

▲ 此案整体风格基调如日式般的简约，重点突出木头的质感。但在颜色上大胆加入亮色和白色，空间活跃不沉闷，弱化了日式风格的单调。局部采用铁艺与木艺的结合，使得严谨内敛的空间中多了一些洒脱不羁。虽然是三个不同的风格，通过不同侧重点的搭配达到了一个好的融合，表达了主人对生活的热爱。

餐厅组合吊灯

铁艺，水泥质感，复古灯

餐厅组合吊灯

实木，具体颜色待定

吧台椅

铁艺，实木坐凳

换鞋凳备选 2

实木，改偏深原木色

深原木色样

第九章
旧家具管理

我认为这是一个不起眼但很重要的小话题。

很多时候我们的房间是从毛坯开始的，它由一堆沙子和砖块开始演变。基本上除了固定的结构以外，我们几乎可以随心所欲，各个厂家也提供上门定制、量身定制等服务。很多人的体会是从无到有过程中感到异常疲惫和复杂，而更多的时候，保留部分原有的家具才是一个真正"老大难"的事情。长期生活在一个地方会累积越来越多的家具，也许是因为前期根本没在意各种规划，一股脑儿的往家里摆各种大小形状不一的家具，颜色款式上更是爱买就买，碰上打折特价就更别说了。随着家庭人数、使用需求、品味审美的变化，软装部分会需要进行不同程度的调整。前面我也提到过，可调整和可 DIY 正是软装的魅力之一，如果最初你已经把所有的家具都设计成隐藏式的或固定式的，接下来的时间内就不需要花精力来调整它们了，因为调整他们需要太多成本，或者它们根本无法改变！所以，有机会来调整和变化，这个过程是复杂的但也可以是有趣的。

不仅是同一场地的软装调整，有时候我们需要搬家过渡，从出租房搬到购买的新房，房子重新翻修，功能重新布局，风格的调整，甚至是房型的改变，同样也涉及旧家具的问题。当然，调整它们是以在软装方面我们有了更高的要求和想法的基础上，通过管理它们使得新的空间变得更好。如果只是实用主义做主，那么也不存在多少管理的问题了，留下那些扎实能装的家具就好。

老实说，从一开始就没人认真去想过要管理旧家具，包括我在内，也打心眼里觉得跟我没什么关系。大家都急不可耐的出手它们，扔得越远越好。作为一个出没于家居饰品堆的室内设计师，面对层出不穷的新款我自然更加没什么抵抗力，眼花缭乱的我根本没空在意旧家具的去留。最初也不会花太多心思在旧家具中。但随着时间和经验的累积，有时候因为客户产生的一些客观原因，使我不得不在旧家具选择和案例的整体效果上找到平衡点，使得这件原本"根本不是事儿"的事儿成为了一个设计施工过程中值得去思考的课题。

那么问题来了。去还是留？

如果你想问的是，我能全都丢掉吗？我真欣赏你的魄力！如果旧空间内的家具饰品款式不美，做工很差还不实用的话，我也赞成丢掉一切！有想全都丢掉的人，当然就有想全都留下的节约主义者。在你住过的房子里，也许有一个当年花大价钱买来的高柜，也许有一个很奢华的茶几，或者一个特别精致的桌子，还有一些并没有什么实际的作用，但它可能保有你的一些回忆和故事，也可能仅仅只是爷爷奶奶的旧物，让你走到哪里都想留下一个位置给它。如果我说，真的不一定要留下他们，对主人们来说可能真是很困难的事情。直到现在为止，我认为全部扔掉是一个最保险的选择，但并非是最好的选择。因为一件旧家具、旧饰品的去留，并不能简单的解答为应该丢或者应该留，这样未免太过武断。同样的，如果完全因为它是便宜还是贵来判断它的去留，也是不太理性的。

为什么全部丢掉不是最好的选择呢？因为随着大家审美意识的增强，有时候我们会去选择一些复古风、做旧风的家具，或者把一些家具刻意做旧，仿照以前的款式，甚至去仿照一些不均匀的褪色和渐变。

这样的家具看起来其貌不扬，但仿旧真是不同于真的旧。在家具的基本工艺完成以后，往往要经过几十道工序，反复调色、打磨、雕刻，而这一切大部分都只能用手工来完成！所以，这些家具其实对后期工艺的要求是特别高的，看看那些大品牌推出的做旧仿古系列吧，你会发现，一件好的做旧家具并不便宜！一件带有复古怀旧色彩的家具有岁月流逝的味道，对于后期软装来说效果也十分出色，且不是普通的光洁平整的家具可以媲美的。所以现在你可能有点懂了，有时候我们身边就有这样完美的家具！

很多家具的年代感和色泽是可遇而不可求的，这种珍贵也不是以金钱来衡量，就像古董的魅力，我们追求岁月在这些物件儿身上留下的痕迹。虽然我们身边的家具并非古董，但不要那么快决定它们的命运！在我的眼中，旧家具并不是贬义词。就像时尚潮流永远都在轮回一样，早就过时的东西过二三十年又会重新回到大家的视野，受到特别的喜爱，指不定你爷爷奶奶留下的大衣柜，遭你嫌弃已久的夸张大椅子分分钟就成为时下最流行的元素！可能因为它并不贵重，或者并不特别能装东西，或者闲置在仓库已经很久，你一开始就把它丢弃了。你丢弃了所有的旧家具，也就意味着你丢弃了它们为你带来惊喜的所有可能！

旧家具管理的简易步骤：

◇判断大小和比例。

上面我已经絮叨了很多关于旧家具的价值问题，那些独特的款式在很多时候确实是会带给我们意想不到的效果的。所以，我建议大家不要一时爽快地一扔完事，停下来思考一下或许会有更好的办法。上面那一段话也许会让大家以为取决于旧家具的去留的关键问题只有它的款式。其实不然！虽然我反复地强调了它们的款式，但一开始决定去留的，其实是它们的尺寸。尺寸问题可以理解为放在空间的位置是否合适，又是否在这个空间中有适合它的位置。首先要体会一下大件单体的家具在空间中视觉是否舒服，比例是不是协调。两米的大床放在小房间是不合适的，不论它有多么精致美好。同样的道理，例如一个一米三的玄关柜是无法撑起一面四五米的背景墙的，诸如此类有很多类似的问题。大部分时间我们其实一眼就可以感受到问题的所在。第二部可以看一看配套家具内部尺寸是不是和谐。比如说餐桌椅的大小，相互之间的高度。书桌椅的尺寸比例大小，以及相互之间的高度。还有沙发和茶几间的大小比例等。通常原始成套的家具不会出现很多尺寸上的问题，只需要注意这一整套在空间中的比例即可。更容易出问题的还是那些半路因为各种原因打算组合在一起，那么除了在功能上他们的使用没问题以外，就要注意它们相互之间的大小尺寸问题。

◇判断形状在空间内是否合适。

当一件家具是以独立的方式存在的话，形状全关于审美意识，我们作为购买者，感觉不错已经很好了，并没有具体的参照能够说明。但作为一件已经成形的旧家具，它将要摆在新的空间与其他家具成为一个新的组合，这时我们就不得不开始考虑他们的外形曲线是不是合适了。这一点其实听容易被忽略的。因为大小合适比较明显，通常一两眼能够被感知，但形状上的不合适就没那么好发现了。直线条轮廓的沙发应该与直线条轮廓的茶几搭配，同理可以了解到，曲线轮廓的床应该与曲线轮廓的床头柜搭配。或许他们的颜色不同，但在整体轮廓上应该保持一定程度的一致。这样做虽然有一点麻烦，而可以肯定的是，经过这一层的思考搭配而来的家具不会让人觉得很突兀和别扭，至少不会"一看就是旧家具"。管理旧家具要的结果并不是简单的扔或者留，而是希望旧家具能够以一种新的面貌和姿态出现在新的空间里，甚至发挥它之前不曾有过的效果。所以，能够做出让人看不出是旧家具的混搭风格，算是我们管理旧家具的最高标准吧！

◇判断家具款式。

到了最后一步，我们终于开始讨论这些家具的外观。有美感和历史感的家具是尽量要留下的。不过需要说明，虽然它们值得留下，但能不能够放在某一个空间内，是需要结合它身边的其他家具来判断的。统一风格的家具组合在一起是绝对没有问题，而外观轮廓相近的家具，哪怕并不属于一个年代，至少在视觉上它们会构成一个和谐的整体。另外，它们的颜色色调也应该是你所设计的色调之内，不说 100% 的符合，至少不应该差距太大。好消息是颜色的问题有时候我们可以DIY 来解决，自己动手改造家具的颜色也相当有成就感呢！我想再次强调的是混搭风格的软装在内在一定是有联系的，绝对不会完全无关。所以，半路组合在一起的家具可以形成一个他们本身一致的风格，也可以做成有趣的混搭风！需要注意的是，混搭风非常有趣，可并非没有任何限制，根据我的经验，同一空间内还是不要出现三种以上的不同风格的家具，饰品。记住这一点就可以最大程度地来避免你的家成为一个家具橱窗。

关于旧家具的最后唠叨

站在潮流的长河中和环保可循环利用的角度来看，旧家具有它独特的存在意义。没有什么比物尽其用更让人心情舒畅了。我们在节约了金钱的同时，还让一件老物品散发出新的光辉，就像不用任何的资源浪费，就把一个破旧的厂房改造成了一个独一无二的咖啡厅。多么酷的一件事情，它的意义远远超过了它的本身！

选择留下旧家具，如果真的不只是为了节约成本和实用的话，真是增加游戏难度的一件事情。我们打算重新规划和整理一个空间时，第一时间我们绝大部分所想到的是清空房间丢掉所有的东西，这是毋庸置疑的。不过，作为一个支持可循环利用模式的环保人士，不管从何种角度来看，我们身边的那些破旧物品是有可能成为另一件有意思的东西的。

通常，虽然我们真的很不情愿，但是总是会发生一些难办的情况，比如：真的很想留下某一套家具！因为一些原因可能导致了你很强势地想让它出现在你改造过后的房间内，但事实是，只要你留下的这些家具，如果主要都是那些房子里最重要的主体的话，你想焕然一新的可能性就几乎很小了。最终，我们很可能是就着以前的旧家具，旧风格做了一套新房子的设计，因为主体已经存在在那里，即便是混搭也是需要比例上的协调，想要生硬地去改变风格几乎是不可能的事情。我要强调的一点是，有些家具你真的很想留下，但恐怕你真的不能留下！很重要的一点就是，一定要牢记有旧家具的软装方案中，新买的那些家具才是主体，我们要想方设法地使旧家具为新家具服务，而不是为了搭配旧家具又买了更多类似的同系列的"新的旧家具"，这样也就失去了管理这二字的大部分意义。

如果我们的家具的确不适合现有空间，但也算是一件不错的物件，我建议首先应该考虑是不是还有可以改造的余地，通过一些简单的木工活儿和漆工活儿，可以转变它之前给人的感觉甚至是功能。如果实在是无法拆解和改造，可以放到其他房间或者送给真正需要它的亲戚朋友，也许能够收获更多的喜悦。纵然选择留下它们也有小的失败危险，但我仍然鼓励你们尝试着这样去做，也相信你会做得很好！

第十章
精装修房的软装改造

精装房的春天

如何选择精装房

不知道从什么时候开始，精装房成为了一种主流的选择。不要被我的标题吓到，我认为选择精装房的业主相当有智慧。这样的房子大受欢迎，好处多得数不过来：前期施工和基础材料由开发商一手包办，工艺和材料都能放心，不用亲自下工地，不用请设计师，省去我们太多的时间精力，买完只需拎包入住。这样看起来什么都好的套餐谁能抗拒？等等，再仔细想想，真的能拎包入住吗？

这无疑对部分业主来说，又是另外一件"想当然"的事情。我们从开发商的宣传册、广告和样板间看到的空间都属于经过设计师软装、硬装的搭配和专业拍摄的效果，关于气氛的烘托其实很大一部分是在于家具和饰品的。现在有些精装房做到了硬装的程度，还有一些会带部分主体家具。但在空间感受上，由于没有提供完整的家具和饰品的软装部分，我们并不能体会到与之前想象得完全一样的效果。

不能达到预期效果，这是第一点，第二点就是，不能达到个性化的效果。选择精装房的业主们为自己节省了时间和精力，但不代表他们能完全认同开发商给予的设计，不管是从空间布局还是具体外观的设计。从另一方面来说，开发商做出的是基本设计，只能取大众化的审美视角和功能，在细节上不可能做到符合每个人的需求。坦白说，如果你寄情于你的精装房能够真正给你想要的一切，恐怕你会要有点小失望。

我以前认为，选择精装修方式的业主可能从此不再需要与我们设计师有过多的交流。不过随着经验的增多，我发现许多精装房业主收

在选房的初期，一定要对这套精装房的装饰风格和设计图纸有一个大致的了解，不能只以宣传册或者样板间作为参照（除非你想完全复制样板房的一切）。为避免不满意的程度升级，尽量选择自己看上去基本满意的风格，尽量不要选择自己也许会花大价钱去改造主材的风格。

房之后并不打算就此"收手",他们总想着能够再做些什么让这个空间更加接近他们的想法,或者是在买入时就已经有了一些改变的想法。当然也有完全跟之前想的不一样的类型,所以我收到了很多改造咨询。

我想说的重点是,精装房到底有没有可以改造的春天?答案是肯定的。有些急性子的业主看到开发商给出的前期装修很不满意,一时间也无从下手,干脆全部重新来做。我倒认为不必操之过急,原因就是现有的效果也许并不理想,但推掉重做就一定会理想吗?要知道重新推倒来做一个房子的设计真是一件很麻烦的事情,何况在现有的条件下,精装修的房子一定有它设计得巧妙的地方。

没人想要体会那种对新房完全不满意的心情,越是与我们的设想差距大,就越难平复想要推倒重来的想法。所以我的建议是,在选房的初期,一定要对这套精装房的装饰风格和设计图纸有一个大致的了解,不能只以宣传册或者样板间作为参照(除非你想完全复制样板房的一切)。为避免不满意的程度升级,尽量选择自己看上去基本满意的风格,尽量不要选择自己也许会花大价钱去改造主材的风格。

精装房改造的步骤

◇理性分析空间现状。

首先让我们来压制住一腔焦虑和烦躁，只是静静地站在空间内来感受一下。来回在空间内多走动几遍，重要的空间再多走两遍。最好是花时间待上大半天，以便于找出空间的毛病。一般来说，有两种问题最为常见。

1. 空间功能分布问题。每家人的个性需求都太过细致，没有做到面面俱到也是可以理解的。大体都是因为希望空间大一点的觉得空间分布太琐碎，希望功能齐全的会觉得空间分布太粗线条。站在软装的力所能及的范围内，想要合并空间可能有点力不从心，但是想要分割一个半开放半固定的空间，还是有可能的。

2. 材质选择，软装搭配问题。主体材质的选择在之前我就已经强调过，这一部分真是应该放到选房的时候来考虑。因为房间中的主材涉及的面积不是一丁点，大面积的现状与你想要的风格不符合是一件头疼事，一定尽量避免。有些背景墙设计在背光的一面，整体很暗；有些颜色不搭，让小的空间更小，暗的空间更暗。不过不要紧张，我认为大多数开发商交给我们的房子也是经过严谨设计的，并不容易挑出特别大的原则性问题。你最好找一个笔和本子，按重要程度来记下你需要改造的地方，渐渐的，思路会明朗很多，之后的行动也会比较有方向。

◇制定整体方案。

在了解完空间中的问题和需要改造的项目之后，是不是马上就可以开始行动了呢？我很希望如此，但是最好不要。还记得之前我所提醒的，需要先记录下来需要做的事情吗？在这一步中，千万不要急于走到市场去采购，也不要急于把自己已经看上的软装品搬回家。根据现有的条件，我们应该对空间的风格走向和颜色走向进行大致的计划。这个时候可能会需要大家多多参考优秀作品找找感觉，当然我们不要求能够做到像参考图片上的一模一样，但它们可以给大家一些启发和灵感。找灵感的过程中其实很容易眼花缭乱。找着找着就忘记自己其实是在有针对性地寻找目标，所以一定记得目标要锁定在和房间现状相符合的风格上。最后，根据现有条件，看看在色彩方面是否需要增加颜色或者简化颜色，通过之前我说过的颜色搭配方案理论，选出一个比较能够实现的色彩搭配方案。

我建议有两大类的方案可以考虑。一是简约风。不要误会，这里的简约风不是极简主义，而是各种风格融入一点现代简约的感觉，这样比较适用于各种底子的硬装和前期软装，不会有太大的出错风险。同样的，即便是搭配和改造上出了一点问题，这样的风格也能够让大部分人接受。还有一个是成本问题，越是很华丽很需要细节来造型的风格越需要时间和精力，且不说金钱的成本。所以相对来说选择简约派的风格来做精装房的改造，例如欧式简约、现代简约、中式简约，都算是不错的方向。另外一个风格可能需要多一点的思考和设计，就是混搭风格。可能你有一个稍微偏中式风格或者欧式风格的底子，那么你考虑搭上乡村怀旧风格和美式风格的家具也是不错的，但在这个过程中，家具与家具之间的内在联系和外在颜色形态上的联系是特别重要的，一不小心会做成一个大杂烩的项目也有可能。不过选择混搭风格来改造会对前期的环境也有一些要求，要求前期硬装风格不能太过明显，越明显的前期定位，越会加大我们后期混搭的难度。

所以我的建议是，如果你不是真的很有精力来做这么有趣的改造，还是不要轻易去尝试所谓的混搭。混搭这个词语虽然已经运用得非常广泛，可大部分时候我还是建议大家顺从前期硬装的风格来做就好了。

◇整改行动细则

　　根据自己的需要我们首先来挑选需要去除的家具和饰品。这样才能留下一个相对干净无干扰的空间来进行下一步，这一个阶段要果断，毫不犹豫地来做（请参考旧家具的管理那一章节），不要总是想着这个先留着那个先留着，摆在屋子里它们会不断地改变你的主意，可能到了最后基本上空间没有什么改动，空想一场了！这之后我们可以用涂料、墙纸等改造有大面积问题的墙面和背景。接下来是挑选主体的家具。这个部分也可以参考前面的章节。最后我们需要来改造实在没有办法推倒重做的项目。在适当的功能空间中加入软帘、纱帘、线帘、隔断墙；在不搭的地面上加入各种地毯。其实只要把需要增减的项目找好，把基本的风格定好，接下来的步骤其实和毛坯房的工作程序是差不多的。

　　在精装修房间的改造中，我认为最重要的还是风格的定位。在比较显眼的地方多花一些心思和金钱是明智的选择，那些细枝末节的，作为一个"二手设计"来说，不是关注的重点，做好关键部分的改造可以让人形成好的第一印象。

第十一章
软装预算

装修预算让人心烦意乱，纠结繁琐的程度不会亚于采买过程。特别是如果你不只是想走个形式，而是真的想做出一个实在实际的预算就更让人头疼。毕竟涉及的细节和小项目太多，不可控性也很多，尤其是后期大家总会发现自己离预算越来越远。那么到底需不需要做预算呢，有没有这个必要？其实我认为还是有必要的。虽然不一定人人都能百分百的控制住实际的支出，但有个预算总会提醒你何时该收何时该放。而这个有必要却是有前提的，就是我们的预算真的很实际。我们做预算，不是为了算出一个很高的总价给自己很多压力，也不是为了故意压低价格来让自己提前舒心。毕竟空间内不可能每一件产品都性价比超高，你也不一定每次都能遇上商家的良心折扣活动，我们总会对一些特别喜欢但并不打折的商品出手。所以，别再想着以最划算的价格得到最完美的效果。我常年收到大家对装修预算的疑问。坦白来说，回答大家的预算问题也是个头疼事情。最常见的问题就是，在毫无风格定位，毫无基础知识，毫无材料要求的情况下，就凭一两张其他案例的成品照片问我：我们家××平方米，做这个要多少预算？天呐！高中低档这样的形容词真的太过抽象！

并非设计师爱卖关子，短短几分钟算出的预算，真实性和专业性都有待考察。但大家的心情我是非常理解的。为了缓解大家伙儿装修前心里没底的那颗焦虑心，有几个问题大家要明白。

同样的产品，若非独家定制或者专利材料，或者商品款式进口有版权，基本上在中国市场上都能找到高中低档的代替品，哪怕一个水龙头，都有特别大的差价存在。那么，同样的风格效果，其实只要达到了最基本的成本，多或者少的预算都能做出来。因为有很多项目是不体现在最终完成的图片上的。看不见的内部和隐蔽工程内，还有很多价位的产品可以供大家选择。所以，同样一个外观下，其实会有很多不同的工程造价。如果有一些特别低廉价格的预算，我

提醒一下大家，一旦工程开始，你会发现很多需要改进的东西，而你要改进的所有东西都会增加费用。真正的有底，就是老老实实等设计方案出来，得到施工方的确切施工预算。施工方和设计方的预算也不能完全保证无出入，但其确切性一定会比最开始我们提到的那一种要好。任何商品都有顶级和普通的，只要不是杂牌，他们都是通过了国家质检的。市面大多流通的品牌都有一定的口碑积累，因此大多数的产品都能长久安全的使用。实际上并非所有的产品我们都要选最高端的。很多时候，不是预算没有作用，而是

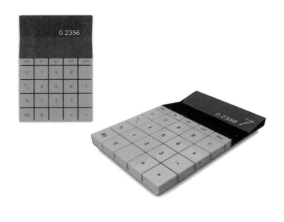

我们没有客观、理性地来做这一件事情，在采购的过程中更是没有拿出理性的态度，每个项目都超出一点，累积下来总花费可是会让你很惊讶的。相对于等待别人给出预算，最靠谱的，还是自己动手做这份预算。关键就在于，自己心里清楚什么东西需要买便宜实惠的，什么东西要买普通的，什么要买很高端的。这样，在买的过程中，你有自己的上限和采买的原则，加之之前在软装设计方面有那么多细致的工作和风格定位，才不会轻易被商场的打折或者导购的口才所动摇。之前我也有说明的是，最终还是要给自己留一个浮动的空间，具体到每一大类。加上这个超支的浮动范围，要想把整体控制在自己预想的范围内，就变得简单一些了。我们首先应该扪心自问能有多少资金来做这件事，那就是你的预算。简单来说，越出效果的东西，需要表现的元素越多的风格会越复杂，效果系数 × 基础材料质量 = 工程价格。预算有限，想要使用的材质质量过硬或者环保指数很好，效果一定会打折扣，也可以理解为不能做太费钱的风格。对于这一点，我在前文中有详细的介绍。想要出效果，那么选用的材料和商品只能走性价比的路线，甚至一些很一般的品牌（但可以满足基本使用的需求）。又想出效果，又想用很好、很创新的材料，同时预算特别紧张，这种就属于不符合逻辑的想法了，但很多做预算的生手容易出现这样的矛盾心理。同样一张图片，别人的费用跟我们自己将要花的费用其实没有什么关系。造价就是这样，有得必有失。

最后我想提的一点是，设计方面的思考对效果的呈现有着最直接的效果，远远大于一件昂贵的产品对效果产生的影响。认为商品和材料的高价能撑起效果的这种思想在空间设计这样一个感性和理性的综合产物内并不成立。设计、装修是一个以人的思想为本的工作，任何时候都不要忽略这一点。装修前多了解材料，多研究价格与自己的需求，跟着自己的计划而非感觉走，实时酌情调整，才是把握造价的王道。

TIPS:

在我看来，一个预算的功能有：明确要购买的项目；明确每一大类所分配到的预算；明确超支浮动的空间；明确自己对每一个项目的要求。

第十二章
未来的软装趋势

随着大家对软装的认识越来越深刻，越来越多的设计师和业主开始关注和调整软装在整个设计中的比重。其实软装并不是一项需要多少特别技术的能力，也不像建筑学、医学那样有复杂深厚的学术知识，它的确是一门可以边实践边学习的艺术。

　　有了这一门利器，大家开始对室内风格有更高的要求，传统欧式、美式、现代风格这样的基本风格不再是唯一选择。在我看来，今后的软装风格只会越来越细，越来越个性化。纵然同样是欧式，通过不同的软装搭配，你可以让它变成很酷的欧式，也可以变成很女人的欧式。所以我从来不反感这些设计师已经烂熟于心的风格，因为它们总还是有无限可能。我总对我的客户说，不要认为自己的想法会跟别人一样，每个空间的灵魂是不同的。只要用心，它总是可以营造 N 种感觉。因此我十分欣赏国际咖啡连锁店星巴克的做法。每一个门店他们都没有采用完全标准化的设计方案，而是入乡随俗，根据当地周边的景观特色来做设计。这样差异化的设计并没有让别人忘记它是一家咖啡连锁店，也没有给人一种不统一的感觉，而是让人更好地理解了它的品牌特点。因为不管它的店面被设计成什么样子，你总能记住它给人提供的轻松真诚的氛围。这两年，家居的整体色系将会越来越明亮、柔和，家具饰品的造型上也更偏简洁和与众不同的设计感。这样说的意思是，我们将不再纠结于风格里面的条条框框，而是在原有的风格上发酵使之成为更加能够令大家惊喜的，给人新感受的风格。也就是说，在最近几年的软装饰品和家具的设计中，设计师们会考虑不同空间的不同可能性，而不是为了某一种风格去制造家具，风格与空间内的元素可以交叉和互补而且和谐。他们让一个椅子不再只是中式椅子，一个茶几不再只是欧式茶几。尽可能的去标签化，提供给了室内设计者更多变化的可能。这种融合的现象我认为是好的，所有的好东西都可以很快地流通起来，对于产品设计者、厂家和终端的设计师都是特别棒的一件事。所以，在设定将要做什么风格的软装设计时，可以不必局限于选择传统型的那两三种风格就完事，尽可能地表达自己的个性才能久看不厌。

　　其次，空间体验占据越来越重要的位置。在本书的开篇我也介绍到这一点。我个人认为空间体验感是持续性的、长久性的，对于空间长时间的口碑有着很关键的作用。就像与一个人的相处，第一眼我们

很可能只愿意被他们的外在所吸引，眼里全都是优点；但这毕竟不是短时间内的事情，长时间的相处会暴露很多硬性的、短板的问题，只有良好的体验感才能使得人和空间的关系能够持续性的和谐。很多朋友会觉得，我想做高端风格，特别奢华的风格。但这样的风格其实与使用者的体验是不冲突的。我们不能在任何情况下忽略使用者在使用过程中的感受，不管空间是一种怎样的看起来不亲民的设定。就像真正的奢侈品牌，并不会把标志做得特别大特别的显眼，又或者是大面积使用珍贵的珍稀动皮毛的面料，即便有一些特定款会推出这样的商品，但我想这不是它们最主要的卖点。如果你想做一些特别高端奢华的风格，我希望你是基于自己或者客户的自我积淀和文化内涵，像人们展示由内而外发出的贵族气质，通过尊重使用者来显示自己真正的风度，而不是只片面地追求材料之昂贵，第一眼的华丽。"只要好看"是盲目的，简单粗暴的，也是我认为软装中最大的误区之一。传统风格和现代风格是永远不会被淘汰的，我更希望人们带着绅士精神来做这样的空间的软装。越是这样大众化的风格，越应该更加注重品质，人性化，体验感。

最后，家居软装部分与硬装部分的联系越来越紧密。随着大家对室内设计的风格有了更加个性化的需求，我们越来越希望自己能够参与到设计中，以前的住家往往装修施工以后一住好几十年，一个椅子都不愿意去动，但现在人和设计逐渐成为了一体。设计是由人来完成的，也是被人所使用的，在长期使用的过程中，我们更注重它们的可操作性，可变化性，也就是所谓的"可持续发展性"。很多品牌会陆续开始推出可自由组合的、可随时拆卸的、可变换的产品线。因为他们已经了解到，我们不再需要一成不变的家具，我们更关注的是长期的实用性和乐趣性。现在，一个产品可能出厂之前只做到了 80% 的设计，剩下的 20% 会交给消费者根据自己的喜好来参与搭配和设计，它们是多么超值和有趣的产品！所以，为了不再成为旁观者，而是为真正的居住者，我们可能不再需要那么多嵌在墙壁里的柜子，我们需要灵活多变，有趣的软装，需要随着时间的推移也不会生腻，可以根据我们的喜好而不断改造的多元化的空间！今天的茶几也许明天就会成为床尾凳，一切皆有可能！

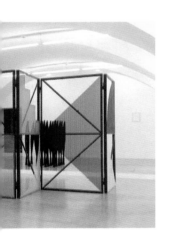

第十三章
师法自然做软装

　　我们看到过太多有关颜色搭配的系统理论，不仅仅是室内软装设计方面，在服装设计甚至建筑设计都有着能够通用的标准准则。在这里我不打算讲述过多这样的理论，这是一个正确的办法，它们是科学而有效的，能够让我们快速地找到方案。但是还有一个更加简单有效的办法：如果你实在不知道怎样选择颜色，又想做一些搭配的时候，请打开你的眼睛看看周围的大自然！你最好是一个驴友，去过很多很多地方，留下了大量绝美的风景照片；如果你没有时间到处走，请你看看院子里那些开得正好的花和旺盛缠绕的青藤。我们生存在大自然中，美好的景色对于人类来说就像做了一个眼部 SPA。因为大自然没有丑的东西，自然生成的植物、天空、山川、河流的颜色千变万化，到处都是意想不到的惊艳搭配，从不庸俗。不管是春夏秋冬，白天黑夜，每一幅风景都是一个配色方案，永远都不会过时。这样的方法在设计界是屡试不爽的搭配！

　　我无法向你清楚地说明以大自然为参照物所做的搭配和用科学分析所做的搭配到底具体有什么样的不同。我想他们的区别就像化学提取的颜料与植物提取的颜料的区别。当你在做一个自然温馨风格多一点的案子时，由这方面入手是很好的切入点。有时候只需要一张图片，里面可以找出深浅中性的不同颜色，它们却神奇的融合！同样的方式，我们不仅可以用来确定自己的颜色方案，更可以用来检测自己已经搭配好的方案。你可以对照自然景观的图片和已经确定的颜色来找出哪一个颜色较为不自然，以便及时地调整。所以，现在只需要拿出你最喜欢的那张风景照片，找到和上面对应的颜色，你的软装将会充满自然的魅力！

事实上，不仅仅是一幅绝美的风景画，小到大自然的一株植物，一只知更鸟，一片秋天的落叶，它们本身就具有十分丰富的色彩变化。作为一个重视色彩的有心人，我们应该留意这些已经存在的美好颜色。一株植物经过冬日泥土的沉寂，春天雨水的滋润，夏季尽情的盛放，秋天优雅的凋落，大自然已经给了它丰富多彩的经历；哪怕只是一颗经过溪水无数次冲刷的石子，只要你能留心观察，你也会看到不同光线下的变化。自然界的物种，往往要比我们在短时期内思索出的颜色要合理、美好得多。落日黄昏时，太阳和云彩变化莫测，与海平面连

成一条线，各种树木的树干和树叶也折射出很美的色彩体系。可以说，大自然已经赋予了我们很多，只需要我们去发掘！

　　师法自然的方式其实有很多种。但有一点可以强调的是，在这个过程中，我们首先需要感性的，不带任何主观意识的感受。当我们要为空间做色彩方案时，往往会纠结于到底怎么样才是最好的搭配，到底怎么样才是最好看的。在大师和大自然的眼中，从自身的感受出发，其实从来没有最好看和次要好看这种明确的概念。我说的不带目的性，就是少去思考其他人对这个画面的喜好程度和感受，少去思考它是不是现在流行的颜色搭配，而仅仅是作为旁观者来欣赏自然的杰作。其次就是，每一个色彩爱好者都需要准备一个精美的小册子，用来记录和剪贴自己喜欢的色彩感觉，而不是带有目的性的去寻找。这样的灵感搜集是日积月累的，并非为了某个案子和某个空间，而是为了激发自己做方案时的潜意识和更有效的直觉。你可以记录你喜欢的电影海报，你喜欢的专辑封面，你喜欢的甜品，你喜欢的书籍装帧设计等。当然，最主要是颜色上的感受，内容并不重要。相比于随意搜集，更精准的办法就是分类搜集。你可以自己设定很多主题，根据自己的需要来做。通常我会按照喜欢的风格来分类，有时候也会按照颜色来分类。但不仅止于此，对一张好的灵感图片的分析可以是多层次和多方面的，你还可以按照元素来分类：比如木头、石材、棉麻面料等。

师法自然的过程中，我们首先需要感性的，不带任何主观意识的感受。

当你没有任何杂念地进行一件事情并且融入其中，让它自然地发生和延展，不给予人类的控制，只借大自然的手来完成作品。我想，这是师法自然的最高境界

造物有灵且美。关于美的意识其实是全人类的事业，很多不同行业都有着大致相同的审美情趣。所以说，设计在很多方面是相通的。你很难想象一个优秀的室内设计师完全不懂平面设计，你也很难相信一个优秀的平面设计师会去买一件很难看的衣服。你所收集到小册子里面的内容肯定不会全部用到案例上，但它会进入我们的脑海中，成为灵感的源泉。有一本记录日本手作艺人的书，书中拜访了制作各种手工艺品的大师，有制作手工皮鞋的，有根据每个人的手的形状制作手工钢笔的，也有在田间隐居只为了造纸的。造纸师用极尽简单的材料，全部来自山野，用极尽简单的工具和自然流逝的时间来完成。当你没有任何杂念地进行一件事情并且融入其中，让它自然地发生和延展，不给予人类的控制，只借大自然的手来完成作品。我想，这是师法自然的最高境界，没有作为"我"的干预，忘记作为"我"的企图，自然有时会给我们更多的灵感和答案。

师法自然，并非一个一蹴而就，马上能解决所有问题的工具，很多时候我们也需要经过理性的思考和科学工具的帮助来做软装设计。但师法自然，是一个人灵感的来源和底蕴的形成，看似是在做毫无实际意义的工作，实际上会不知不觉的在你的作品中体现。同时，它也是一个很好的检审方式，你觉得在配色问题上出现疑惑的时候，沉下心来了解症结所在，以便于快速地进步。

第十四章
旅行纪念品的购买

纪念品的宝藏

如果你真的是一个旅行纪念品、古董字画、各种物品的收集狂人，请一定在设计之初把握好风格。它们如此的珍贵，也有着强烈的风格特征，可不是那么随意的就可以和任何风格搭配。既然已经开始了认真的软装工作，就不要把事情想得只是填充那么简单，把一堆中式花瓶放到经典欧式风格的家中，我相信对于彼此都是一种折磨。如果你去过很多地方，有很多不同风格的旅行纪念品，而且也乐于展示，那么最好前期设计成偏重趣味性的混搭风格，同时要给它们预留出足够的陈列展示区域。这样的展示区域不需要像超市一样整齐划一，可以以不同的形式来呈现。或者它们根本不需要同时集中在一个地方。这样做的好处是，我们很可能并没有那么完美的空间条件，可以腾出一块完整的空白墙面或者房间来放置我们的陈列品。大多数时候，我们会采用碎片化的陈列方式来展示物品。

　　你可能把一些有意思的纪念品摆放出来，但更多的会放在仓库、杂物柜，或者纠结于该不该拿出来，怎么摆放。我觉得这是一个特别有意思也特别现实的话题。很多朋友跟我说，在旅行过程中总是不经意中买下很多工艺品、装饰品，各种奇怪的小玩意儿，想着回家也可以为空间增添一些光彩。可事实上，有没有好的效果是不一定的。在不考虑本身空间的风格来做后期补充的话，很容易出现脱节的问题。

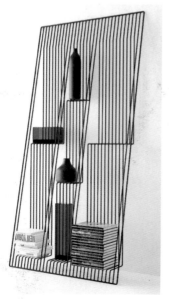

在旅行的过程中，我们当然很乐于搜集各种纪念品，以表达对美好时光的留念，同时我们也不愿意买回来的物件过于生硬的摆在家中。这里我想借由一个职业的概念来阐述我们选择纪念品时候的心态：职业买手。这是一个非常新颖的职业，很多人会认为买手的任务就是买东西这么简单。买手（buyer）是时尚潮流最前沿的一种职业，起源于 20 世纪 60 年代的欧洲。按照国际上通行的说法，买手指的是往返于世界各地，时时关注最新的流行信息，掌握一定的流行趋势，追求完美时尚并且手中掌握着大批量订单，他们普遍是以服装、鞋帽、珠宝等基本货物不断与供应商进行交易，组织商品进入市场，满足消费者不同需求的人。当然，我们这里提到的这项任务没有买手这么复杂，但大体的思考方向却是一样的。如果想成为一个很棒的纪念品买家，你需要留意以下几个小问题：

前期适当留出空白区域

上面我们提到的是，如果你是一个旅游达人，你可能需要规划一定数量的展示架在未完成的空间中，以便于承载你的收集品。但现在我想说的是，不管你是不是一个旅游爱好者，也请适当的为空间留下一点可以装饰的空白吧！一个软装方案的实施，往往是在一两个月或者在更短的时间内完成的。但真正做到丰满一个空间，真的需要一点时间来酝酿积累。物件来来回回，有好有坏，人的审美观和价值观也在不断地变化着。一个空间能够成长为真正属于自己的空间，有自己的生活印记，也像一粒种子一样需要生根和发芽。因此，在新房设计完毕以后，应该留下一些空白空间，以便于调整和添加新的更有意思的东西。当然，尽量要选择不影响整体效果的区域来留空白。我的经验是，有些空间的位置在当下来看确实是比较尴尬，不长不短，不宽不窄，会需要我们用一些不常规的物品来装饰它。当有这样的前提产生的时候，下次旅行时的思路会无比轻松。可能再也不会出现该装饰的地方没有买到合适的东西，买回来的东西却有没有空间来放了。另一方面，相比于漫无目的的买东西，有点小目的的来逛纪念品市场，会更有兴致一点。我们在出差、旅行中遇到的商品应该是比平时顺手就能买到的那些更加特别。我的客户中，有的无意中买到精致的古董烛台，织法特别的挂毯，手绘面具，或者从旧货市场偶然买回一把椅子、老式沙发。所以，不管现在你是不是一个好的买家，也请一定留下一点空间给这些需要后期积累而来的软装饰品。

请尽量选择能还原当地特色的纪念品

现在旅游区纪念品的质量参差不齐，有的纪念品的确是来自当地，但有的纪念品却不是产自本地，是规模量产分发到各地的，特色并不明显，收藏价值也比较低。我所说的尽量选择能够还原当地特色的纪念品的意思是，现做现产的，能够充分表达当地特点的，或者是使用了当地独有的材料的物品。选择这样"正宗"的纪念品的好处是，它能真正在空间中与其他的物品区别开来，发挥它的作用。也就是说，真正的纪念品会有更高的软装方面的价值。

色调、风格方面的考虑是不能忽略的

有一类设计风格我认为可以命名为"旅行家风格"。这是混搭风格下的一种，但包括你可以想得到的任何元素。它的硬装基调很低调，甚至是没有，因为色彩和搭配完全靠后期的各种饰品。你可以看到在这样的设计风格中，满是互不搭调的来自世界各地的工艺品，但它们都保留了当地的特点和精髓，即使色彩夸张和丰富，人们也不会感觉到不和谐。我想选择这样风格的主人，一定是相当有水准的买手和旅行爱好者，才能够把世界各地的物件完美地拼凑在一起。但大多数时候，我们并不会选择这样洒脱的风格。我的建议是，对于传统风格来说，多选择天然材质，花纹图案较为严谨的更加合适。颜色偏天然或土地色系。现代风格适合以黑、白、银为主，材质较硬或者线条极简的物品。

注意结合空间现有的物品

我们首要关注的肯定是即将购买的物品，但是已经存在于空间内的物品也是重要的，因为它们将共同构成一个新的空间。回想一下已经购买好的饰品陈列有哪些，以及它们的颜色、质感，与目前打算采购的物品是相悖还是相同，在功能上是不是冲突。另外一点是在体量上，同一个空间中不可能有太多体量相同的庞然大物或者是中型物品，这样会失去整体软装效果的层次感。

第十五章
设计中的沟通

写给设计师们

一个优秀的设计作品的达成，除了客户和设计师自身的审美水准以外，最重要的无疑是怎样在设计理念和方案沟通的过程中了解彼此，从而达成一致。良好的沟通，不仅仅能增强客户对设计师的信任，更能够增加他们对自身想法实现的信心。对于设计师来说，良好的沟通更加重要。设计过程中的沟通不仅仅影响客户对设计师的看法，也影响自身对设计案本身的表达，直接影响是否签约，是否能够成功的合作。毕竟作为完全陌生的两方，在短时间要审美一致，快速了解和信任，对于业主和设计师来说都是一个不小的挑战。入行以来，我碰到过形形色色的业主，大部分都能实现良好和愉快的沟通。在此，我想强调的是，只有一方在滔滔不绝的情景不算沟通，那仅仅是在自我表达。一个设计师的沟通方式有很多种，每个人的个性是不一样的，所以并没有一种适用于所有的人的沟通技巧。我仅就如何在设计的过程中进行有效而又友好的沟通给大家一些建议。

倾听和反馈

减少在不重要的内容上进行反复表达。每一个客户都是带着诉求和问题，强烈的表达欲望来到我们身边。可能我们很想通过表达自己的实力来取得他们的信任，但事实上，客户一开始需要的只是真正的倾听。我的很多客户在遇到我之前也和别的设计师及销售人员接触过。在前期沟通中他们就遇到了障碍。因为没有人在真正地倾听他们的所思所想，有的人或许把他们都当作了一模一样的客户人群，对他们所提出来的问题和想法总是含糊其辞，然后作一些并不相干的回答，然后继续表达自己的优势。有一个常犯的错误就是，在客户刚刚开口不久以后就下结论。猜测客户是不是喜欢这个风格，是不是喜欢那个风格，是不是考虑最近流行哪一类风格。当然我得说，有一部分对自己的喜好完全不了解的客户，或许你在一开始就可以给他们建议。但多数时候，我们需要望闻问切才能够诊断出病情，切不可让客户感受到来自设计师的想当然和敷衍。客户不仅仅是想要设计一套房子，而是设计一套属于他们的房子。我一直坚信，只有独特的业主才能够创造出独特的作品。那么，每个人其实都是独特的，只是有的人已经充分的展现出来，有的人需要沟通才能够挖掘。作为一个有"企图心"的设计师，我们需要做的就是在前期挖掘客户的个性和独特性，以及重视他们的那些与普通常规要求不太一样的想法，并且提出一些有意思的解决办法。在我的工作室有一个喜好，在前期沟通中，我不仅在设计空间本身的内容上会倾听客户的诉求，有时候还会要求他们聊一些自己喜欢的电影、音乐、美术作品、美食等。在聊的过程中，你会发现他们不同于以往的一面。这些看似与空间设计无关的内容，会让你更加立体地了解一个客户的价值观层次，以及推断他们将会喜欢或者不喜欢哪种类型的设计风格。在这个过程中，我们最需要留意的就是他们那些与众不同的闪光点，全面地、充分地了解可以让客户感受到被接纳和被了解，这样的设计师他们也会更加的信任。

在倾听和沟通方式上，我们也需要注意一些技巧性的问题。找一个舒适休闲的聊天环境，请客户准备上他们喜欢的参考图片和户型图片，最好有房间现状图片（当然之后我们很有可能会要去到房子里）。我们应该不带任何评判和个人色彩的对待客户所提出的想法，站在他们的角度进行思考和引导，不要生硬的以专业人士的姿态和经验来打断和否定他们。当他们已经表达完自己的意见之后，自然会邀请你来对他们的想法提出意见。

有了这些基本的沟通了解之后，带着客户的诉求和问题，我们才能够进行有效的进行针对性的反馈。说实话，每个客户头痛的点都是不一样的，我们的解决方式也无法只是机械性的回复。客户也会因为你专门针对他而提出的方案而感激和欣赏你的专业性。根据我的经验，当我们全身心的去感受客户的喜好，了解客户提出的疑虑和问题时，愉快合作的可能已经非常之大。

前期沟通：慢沟通

很多人习惯了快狠准的方式来与客户交流。当你和客户已经完全了解对方，或者是客户已经完全整理好自己的思绪的时候，我们确实可以加快接下来的流程的节奏。但作为一个良好的深度沟通，前期不可或缺的会有反复交流的过程，在这个过程中请不要操之过急，在沟通设计思路，工程造价以及合作条约的重要环节上，应该给予客户和自己一定的空间，把所有的疑问点终结在前期的沟通上。我们要确定客户是否完全清楚的表达的自己的意思，并且我们应该拒绝客户盲目的信任，并确定我们的设计是否能够根据客户的特性做出，并且得到他们的认可。对于我来说，稳妥的签单好过于快速的签单。重点问题过多的遗留到后期来解决的话，会造成双方很大的困扰。慢条斯理的讨论或许你一时间无法马上适应，但的确是理清思路，保证后续工作顺利进行的一个好办法，因为我们所向往的并不只是一些表面上的快速签单，而是一个顺利的设计案的完成。在半途中出现了沟通问题的事件时刻在发生。反而言之，前期花时间做过有效而深度的沟通之后，后期合作会相当顺畅。所以，我在此提到的慢沟通，并非单指时间上的拖延或者是各种交流回馈的缓慢，恰恰相反，我指的是把前期沟通当作一个细致的工作，花多一点时间来互相了解，尽可能的与客户产生真正的共鸣，对之后的客户关系大有裨益。

中期沟通

尽可能的使用类似非暴力沟通的语言工具。非暴力沟通是 NonviolentCommunication（简写 NVC）一词的中译，又称爱的语言、长颈鹿语言等。著名的马歇尔·卢森堡博士发现了一种沟通方式，依照它来谈话和聆听，能使人们情意相通，和谐相处，这就是"非暴力沟通"。在周期长，程序复杂的设计过程中，一位非常有想法的业主和一位负责人的设计师，他们的思想是随时有可能碰撞的。这种碰撞不是贬义词，而是交流的火花。站在不同的角度，有着共同的目标，即使方案在早期已经大致确定好，在落实的过程中，客户与设计师之间自然而然的会产生更多的交流。当客户的意见与我们的意见（不可避免）的产生冲突的时候，以下是几个并不是太好的选择：

1. 向客户妥协，客户想怎么做就怎么做。我想说，大多数愿意在设计上花钱的客户，并不希望只是找到一个好脾气的设计师。当他们的想法有待考虑的时候，他们更愿意有专业人士给他们专业的指点。既然案子已经在我们的手上，在它完成之前，我们有义务要保证它的成果是一个专业的成果。

2. 坚持自己，以设计师的身份。我常常听到客户说起一些比较强势的设计师，在客户的想法与自己的想法相冲突时，非常坚持自己的意见和选择，没有任何余地。我很理解这些设计师是处于对作品负责人的态度和对效果的在意，才会如此坚持自己的想法。但需要注意的是，比起强势的态度，我们此刻更加需要拿出专业素养的知识。

通常来说，我们第一时间会注意到的是对方说话的态度和表达方式。在行为心理学的角度上来说，谈话的态度和方式比谈话的内容要重要很多。这个地方其实有一个有趣的事实：我们的本意其实只是想表达那些我们想说的内容，但听者往往只注意到了我们说话的态度和表达方式。所以，在一个有效率的沟通中，不管对方是谁。我们只需要做到两个方面：第一，准确的表达内心所想，不夸张或压抑所表达的，沟通的目的不是为了发泄，是以一种对方能够接受的语言和方式来表达。而作为听者，我们需要做的是准确的观察对方的情绪和感受，并且体会他的需要和请求。这是一套行之有效的科学的办法，可以运用在任何关系上。虽然短短只有几个字，但做起来并非容易的事情。有一句话说得很到位，人们只听他们想听到的部分。要打破自己的思维习惯，试着不去与人起冲突，甚至是去认同对方不良情绪下的真实想法，一次两次是很难做到的。但实际上，这是一个双赢的沟通方式。我们既能够理解对方，又能够自由的表达自己。一旦对方真实意图被我们理解到以后，针锋相对的情绪马上就会缓过神来，除去夸张情绪的表达之后，我们会更能够接受，从而问题得到有效的解决。

　　学会在设计的全程中保持良好，有效，专业的沟通，是每个设计师必须的职业素养之一。在此我认为，专业的沟通不仅仅只是在一开始的时候，如何让客户快速的了解你并且达成合作。在漫长的后续工作中，需要沟通交流的时间远比一开始要多。我非常推荐马歇尔·卢森堡写的《非暴力沟通》一书，它几乎解决了所有人与人之间的沟通问题，并且我也在身体力行的进行实践。注重沟通，会让客户对设计更加信任，并且能够更精确的表达自己的想法，同时也让设计师在设

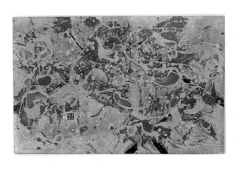

计的过程中，更加顺畅的进行创作和实施。在双方遇到问题时，能够不伤感情的解决，满足双方的需求。

　　有语言上的沟通，当然就有文字上的沟通。大多数时候，我们会和客户面对面交流，一般来说语言沟通的成分是比较大的。但除此之外，也有异地案例的沟通，通讯软件上的沟通，更重要的是形成正式文字的作品文案解说，述标文案等，这都属于文字上的沟通。由于使用的比重不是特别大，所以大家往往忽略了这个部分。其实，客户在与我们合作的时候，所出的费用并不只是付给了具体的几张图纸，而是付给了一整个产品。

这产品包括，设计师本身的素质，设计本身的水准，顺畅有效的沟通，和完美的作品呈现。到最后我们来解说自己的作品时，页面排版，文案，以及组成形式，甚至是字体，都是一个作品的一部分。很多设计师不注重这些，认为作品好就行了。一个好的作品，没有好的文案来升华，不能够特别准确的表达自己的所设所想，实际上是很吃亏的。从反面我们也可以认为，一个不够好的作品，如果没有好的文案去帮助它提炼或者润色，更加不会有好的表现。对于我们的客户来说，他们需要的不仅仅是一张优秀的图纸，能打动他们的方式其实有很多，通过文字就是一个特别好的方式。你可以通过理性与感性结合的文字，来让人看到我们的设计初心，哲学思想，对生活方式，对美学的理解，这些都是他们希望看到的。我有过很多素未谋面的客户，他们没有跟我聊过天，仅仅是通过一两篇设计作品的文案还有一些心路历程的记录来了解，但从中他们却看到了一个设计师对设计作品的用心，我想这就是所谓的见字如面吧！在此我想提出来的是，我们的文案一定是跟着设计思路，设计的灵魂走的，必须充分表达设计者的巧思和作品本身的亮点。下面我先列举两个比较完整的作品文案。

老板夫妇虽事业有成，却是不折不扣的 80 后，自信，随意，喜欢特别又有质感的东西。在设计时我经常考虑，如果我是这个小团队中的一员，每天工作堆积如山，我会希望在什么样的地方工作？我希望有点酷，有点个性，有一点清新，有一点点生活化，有一点像自己的另一个家。LOFT 工业风的硬朗空间加入明亮的绿色，最好的办公环境莫过于让员工感受到你在乎他。

——LOFT 小型办公室设计作品文案

很难去定义这个作品是什么风格，也可以说成很难用国家去划分这个作品的风格。亚洲是极富精神文化的地方，佛、道，各种文化百花齐放。心目中的理想国是极富包容而又深沉的。人们应该乐于去包容这个世界，就像世界包容我们一样。我们采用了各种原始的元素材料，通过手工的打磨，尽力打造一种回归大自然的禅意。材料从亚洲各地淘来，它们并不昂贵，有的甚至是人们丢弃的材料，只是需要精心的寻找，放在一起千姿百态。无我、忘我才是思想的至高境界，我们的心也足够可以大到去包容各种文化思想，尊重各种文化特色。我们不用揣摩这个世界在告诉我们什么，是因为，用力紧贴着大地，你得到了什么就是什么。

——亚洲风格私人商务会所作品文案

我想，这样的文案比单纯的表述这是一个什么空间，用了什么颜色，走的是什么样的风格会更加能够打动人们的心。一段好的文案不在于字数的多少，也不在于描述的有多么的细致，而是尽量去阐述设计师与案子的内部关联和设计的思路。一个好的文案一定不是那种千篇一律的、可以套到任何一个同类型的作品上的文字。对文案的把控需要大家认真琢磨自己做设计的时候的心情和理念，加以长期的训练，善于写文案的设计师更能够让客户喜欢上他们的作品。在此，我提供一个在你们对写作品文案还不太熟练的情况下能够套用的公式，能够一层层地表达出空间中的亮点和主要信息，且不生硬，用于基本的作品文案和述标，能够立竿见影地帮助到需要的设计师们。

◇文案内容架构：

项目亮点（灵魂）	设计的初衷、出发点，想表达的思想、生活态度、生活哲学等
基本风格（氛围）	主要风格、次要风格、元素等
人的感受（交互）	设计师希望人们在此空间中能够感受到什么
配色简介（情绪）	配色上的特点以及色彩运用的原理
具体区域的介绍	对重点亮点的区域的有趣的细节设计、材质、工艺等的介绍

◇语言组织架构

"引用诗句，名言，电影台词，或自定义的金句"，主人是一位_____的人。生活就是_____OR人生就是_____，在这样的一个_____的空间中，我们能感受到_____，_____颜色的加入OR_____元素的加入让人感到_____OR_____色系让人感到_____

这样的文案表述方式能够在短时间内清楚而完整的表达作品以及作品的内涵，而非机械的去堆砌某些形容词，同时对自己的设计作品也是一个有效的回顾和整理，同时还有一个自省的作用，就是逆向的思考中我们可以检查自己设计的定位，理论依据，空间效果，软装效果，设计理念等。当然，不需要等到每次自己有新的作品完成再来做这样的练习，这样的文案练习可以针对任何人的作品进行反复的练习，同时我们也容易快速地提取优秀的作品中的关键点和决定性因素。

第十六章
软装后续工作

一切刚刚开始

长期的维护和照顾

　　一个空间的软装陈列足以表达主人对生活的态度，完成了大部分的工作以后，还有一部分便是后期的维护和照顾。空间中一切物品的摆放需要井井有条，按当初设计的样子，损坏也需要及时的处理和修缮。包括那些让空间充满生气的花花草草也需要悉心的照顾。有些空间刚刚完成时非常美，但年长日久忘记打理，物品没有保持它的状态，或者没有在它的位置上，再好的设计也会失去光芒。我一直认为人和物品才组成了真正的空间，只有具有感情流动的空间才是真正意义上的人居环境。有些物品并非贵重无比，只要是经过精心设计过的，同样值得爱惜。每一个设计都有自己的无声的生命，一切设置好以后，经过长期的维护才让他完整。欧洲有很多古老的建筑经历过了几百年，不仅外部保存完好，甚至内部的一物一件都好像没有任何时间的痕迹。我想并不是它们本身有多么昂贵，当年置办之时它们也只是普普通通的陈列品。不管新或旧，是人的珍藏和爱惜，对美的不变的情怀才使得它们历久弥新。或许我们的空间没有那么精细，没有那么长远的目标，但请怀着这样一份敬畏来对待你的设计吧！

忘记不完美

恭喜你终于完成了这一系列考验耐心又折磨人的活儿。很多人的心中认为软装是硬装的附加品（当然现在有着好观念的朋友越来越多），只要先把大头儿做完，买买家具和饰品简直易如反掌。事实上，一个好作品的完成，只有在软装的最后一幅画挂上，把最后一个抱枕拍蓬松后摆好，我才能真正地松口气。硬装做得特别棒，被软装减分，毁在软装搭配上的案例真是不胜枚举。正是因为看过太多这样的情况，我才深深地了解这口气松得太不容易。因此，能够完成这样细致的工作的你，不管效果如何，你的态度和观念就已经值得鼓掌！但我们知道，艺术是充满遗憾的。就像导演回看自己的电影，总觉得还有地方可以更好，作为设计者来回顾自己的每一个细节，也总会觉得还有不尽人意的地方，哪怕有些问题是客观原因造成的。虽然我是一个专业的设计师，但谁都不敢说自己的设计毫无瑕疵。回想一下它是怎么从一个到处都是问题的空间变成现在的样子，也请你接受和欣赏它现在的样子。如果在完成时刻还带着遗憾和后悔的心情入住，也算是在给空间减分了。很多东西一开始你并不喜爱，可日子长了，你会慢慢发现它的好。有一句欧洲的谚语告诉我，最好的伞就是头上的这把伞。所以，没有完美的设计，但要有完美的心情。我们所有的努力化成了眼前的这个空间，珍惜和欣赏会在时间的长河中使它趋于完美。当一切尘埃落定以后，请大家忘记那些复杂而纠结的过程，忘记你还有做得不完美的地方，忘记你碰到的不靠谱的供应商，这一点特别重要！你的全情接纳会使得你的用心设计走入你的生活，成为美好生活的一部分。

后记
POSTSCRIPT

　　2015 年的 1 月中旬，长沙的气温上升到了 20℃，好像瞬间就进入了春暖花开的春季，不过到了 1 月下旬印象中的年味终于到来打破了这种错觉，所有的树枝都在街头光秃秃的站着，整个天空还有挥散不去的雾霾，这种阴沉严寒的感觉正是每年迎接新年之际的铺垫。

　　2015 年初，我们的第一个体验展厅在一个 LOFT 厂房里面正式落地。特意没有选择传统的写字楼，而是选择了我们这个城市唯一由老厂房改造的园区。为的是多一点体验和表达理念的机会，少一点商业和营销的氛围。里面所有的物件，包括墙面的质感，都是在油漆房经过无数打样做出。我们的理念不是摆一些漂亮的家具在橱窗用来观赏，而是把我们展厅打造得像自己的家一样，开放式办公，所有的物件都可以随便坐，随便触摸，我们也可以在任何一个角落跟客户聊天。大家都很喜欢这个展厅 + 办公室，软装之于我们，从来不是高高在上的噱头，而是打造一个理想的空间的工具，就像所有来过我们这里的客户所说，你们这里很随意，很放松，一眼看上去不会觉得特别刻意修饰过，感觉特别自然。所以我们在做的事情，是在营造一个更好的家庭气氛，从繁重的工作中透过气儿来，让人们体验更美好的生活。丢弃了大多数办公场所应该有的样子，我们只按照自己的想法来做，所以进展并不快。可能也是因为，设计和艺术就是我们生活中的一部分，我们很难把它完全地、理性地做成商业性的或者是一本正经的空间。这是最有自己味道的地方，有着属于设计师的任性。我期望我所从事的事业，能够让人们真实的表达，珍藏自己的秘密，诉说自己的故事。可以说，这真是一项一举多得的好事！

　　懵懂地进入了室内设计的行业，起因根本没有任何雄心壮志，也就是这样一股直线条的热爱让我走到了现在。回归本质是我做室内设计的本心，但软装这样"华而不实""肤浅"的表象其实是吸引我成为一名室内设计师主要的原因之一，因为我们生活的空间太值得我们去花心思了。我记得有一句话说得很好，室内空间设计的重点其实并非单纯的雇佣关系——画图和施工。更重要的是在这个过程中，客户和设计师都是一段探索自我的旅程，深度的沟通和用心的设计可以让他们发掘意想不到的自我。一个设计落地之前，谁都无法准确地预料它最后的样子。作为一名设计师，我所能做的是在能够确定的部分上充分地做好工作，然后享受它的不确定性。作为一段自我探索的旅程，在各个方面永远都不应该止步不前。在此，我想做的仅仅是传播关于美的想法。

　　作为独立设计师，由于自己相对独立的设计思维和方式，我们通常做的是一对一式的设计，前期会花相当长的时间和相当多的精力来与业主们沟通。我需要非常清楚地了解他们喜欢什么，到过哪些城市，喜欢的音乐，电影等。我们并没有过分去强调定制或者是不定制这一说法。而是从自己的内心出发，当我们要帮一个业主打造他所需要的空间，这个空间是他经常逗留的，或者是他的客户经常逗留的空间，需要给人一种怎样的感受？这样的前提使我们不得不去多方面地了解我们的客户。我个人的原则是做好每一个设计，不求量只求质，讲好每一个业主的故事。它除了是我的工作，也是帮助业主自我探索的一个旅程，大千世界如此丰富多彩，有时候你觉得什么都想搬回家，有时候你又觉得什么都和你的家不够搭配。我有时会跟客户一起头脑风暴，一起纠结，一起来决定到底哪些是最合适的设计。在此过程中，不断地把正确的想法和理念传递给业主和朋友们，也是我一直在坚持的。我很少去给出理所当然的答案，而是告诉他们我这样做的理由和思考方式，当下觉得非常纠结的问题，通过一些不同角度的思考，其实很能够轻松地选择出最佳的物品。在不短不长的设计师生涯中，我把自己累积的经验通过不同管道和方式与大家交流，也是希望能够有更多的机会使人们认识独立原创设计。

回忆起来，本身是设计相关专业，最初在大学生涯只把室内设计作为辅助选修课的我，后来慢慢发现自己的兴趣所在。决定我的梦想以后，我一头栽进了浩瀚的书籍和资料中，研究空间无穷的秘密。学无止境，学习之旅是满足感和匮乏感互相矛盾不断交错的精神旅程。我一面为自己学到了更多的理论和经验而兴奋，一面又常常感到自己的不足。作为一名室内设计师，需要跟枯燥的理论，繁杂的施工过程，大量的深化图纸打交道。一切努力都是为了交付给客户一间他理想之中却意料之外的房子，我喜欢看到他们的脸上洋溢着"没想到你们可以做到这么好"的表情。当然，最初吸引我的可不是这些令人头疼的

实现过程（可能也就是因为这种摸不清状况的心态使我无知而无畏），而是一本本室内家居杂志，一张张美好的图片。我看到那些主人端着下午茶悠闲的光脚盘坐在自家的后院，阳光从麻布料的顶棚中漫射下来，家中摆放着自己从全世界各地淘来的玩意儿，新的旧的，每一件都看上去有自己的故事。我想，不管你是多成功亦或是多平凡的人，家始终是最能够容纳自我，以及表达自我的地方。生命的本质并非夸耀或者力求自己被世人看到，而是尊重自我和接纳自我。不仅仅我希望自己有一天也能够坐在这样美的家里安享假期，我也期望我认识的朋友们会有这样一个不愿意离开的地方。入行室内设计对于我来说，并没有经过太多严谨的调查或听取多少人的建议，我仅仅觉得它是一个我所喜爱的事业，更是一件有意义的事业。人的一天如果一定要有一个时刻是轻松的，欢愉的，想必是坐在家中与家人吃饭聊天，分享一天的故事的那一刻。作为我来说，如果有能力把这一刻的画面变得更美，何乐而不为呢！

感谢热爱这份事业的所有朋友！